U0258492

VINOGRAPHIE

葡萄酒
有什么
好喝的

 [法] 范妮·达利耶塞克 著
[法] 梅洛迪·当蒂尔克 绘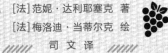
司 文 译

中信出版集团 · 北京

作者简介

范妮·达利耶塞克

葡萄酒领域的专业讲师及培训师。拥有国际葡萄与葡萄酒组织（OIV）认证的葡萄酒管理学硕士学位。2009年，她在波尔多创办了葡萄酒品鉴培训学校（Bordeaux Wine Campus），专门为葡萄酒从业人员及爱好者提供培训，并颁发"葡萄酒及烈酒教育基金会（WSET）培训证书"及"法国葡萄酒学者（FWS）培训证书"。

梅洛迪·当蒂尔克

美术设计师及插图画家。她毕业于巴黎奥利维尔时尚设计学院。在法国实用艺术学院从事动画片插图及动画制作部分的教学工作。她的作品题材大胆，笔下的人物幽默风趣，已在多部著作中负责插图设计的工作。

目录

从葡萄植株 到杯中酒

② 葡萄品种 ⋯⋯⋯⋯
葡萄酒的原材料

详见8—15页

根据官方的定义，葡萄酒是由鲜葡萄或葡萄汁全部或一部分发酵而来的酒精饮品——葡萄果肉里的糖在酵母的作用下转换成酒精。其实，葡萄酒不仅仅是酒精饮品，它还能反映出当地的风土、葡萄的品种特征及多种多样的酿酒技术。酿酒的时间及酿酒师的手法对葡萄酒的风格也有影响，葡萄酒的世界是丰富多彩的。葡萄酒的多样性，为人们增加了品尝的乐趣。

① 风土 ⋯⋯⋯⋯⋯⋯⋯⋯
葡萄生长环境的总和：包括人类开发和自然环境

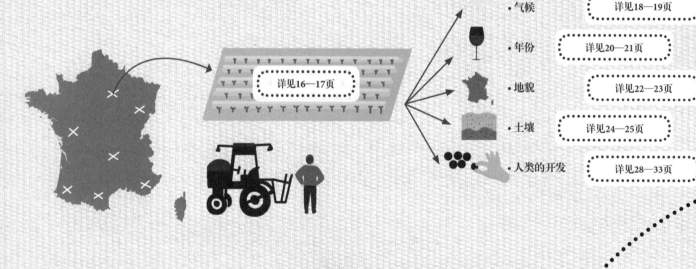

详见16—17页

· 气候   详见18—19页

· 年份   详见20—21页

· 地貌   详见22—23页

· 土壤   详见24—25页

· 人类的开发   详见28—33页

⑥ 法国及世界葡萄酒
葡萄酒产区的探寻

详见94—121页

❸ 酿造

葡萄汁转化为酒的艺术

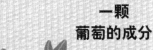

**一颗
葡萄的成分**

- 水
- 糖
- 酸
- 单宁
- 芳香化合物

参观酒窖（详见34—35页）

酿造

- 红葡萄酒（详见36—37页）
- 白葡萄酒（请见38—39页）
- 桃红葡萄酒（详见40—41页）
- 半甜葡萄酒和甜葡萄酒（详见42—43页）
- 起泡酒（详见44—45页）
- 加强型葡萄酒（详见46—47页）

❺ 成品

要知道如何享用

- 品鉴（详见54—63页）
- 侍酒（详见64—67页）
- 餐酒搭配（详见68—75页）
- 常见酒款（详见78—79页）
- 酒瓶及酒标（详见80—83页）
- 酒的购买/选购（详见84—89页）
- 酒的储存（详见90—91页）

❹ 酿酒及装瓶

最后一次触碰！

详见48—51页

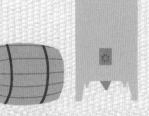

第1章
了解葡萄酒中的"葡萄"

了解葡萄酒中的"葡萄"
葡萄植株及品种

人类种植葡萄并酿造葡萄酒已有几千年历史。在人工种植过程中，葡萄衍生出许多不同的品种。在法语中甚至有专门的词"cépages"（品种）来指代那些原产于欧洲的葡萄品种（*Vitis vinifera*）。

品种的起源

世界上有几万种葡萄。人们根据各地的风土和气候情况，挑选出其中很小的一部分来栽培，并用来酿造葡萄酒。

看特征！

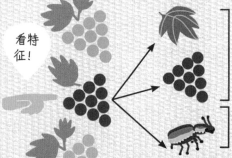

如何分辨葡萄的品种：

植株的外形
（叶子、葡萄串、果实……）
成熟的早晚

抗病能力

这些因素会影响葡萄酒的口感。

黑皮诺

雷司令

西拉

梅洛

欧洲葡萄
只能在经过授权的欧盟国家种植，包括鲜食葡萄和酿酒葡萄

美洲葡萄
通常被用来嫁接到其他葡萄品种上（详见30—31页），如美洲葡萄、河岸葡萄等。

葡萄属
一种能食用的水果。

葡萄科
葡萄大家族

什么样的葡萄品种好？

•酒农
易种植且抗病
能力强

•风土
能适应不同的气候
和土壤条件

•消费者
口味好，受欢迎

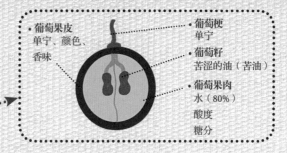

一颗葡萄果实的成分分解图

每种葡萄均由特定的成分组成：糖分、酸度、颜色和单宁。

葡萄果皮
单宁、颜色、香味

葡萄梗
单宁

葡萄籽
苦涩的油（苦油）

葡萄果肉
水（80%）
酸度
糖分

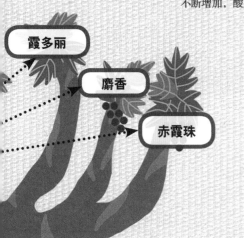

霞多丽

麝香

赤霞珠

Ⓐ 甜度和酸度

有些葡萄品种酸度较高（如雷司令）；有些葡萄品种糖分较高，从而酒精含量更高（如歌海娜）。记住：在葡萄成熟的过程中，随着果实中的糖分不断增加，酸度会不断降低。

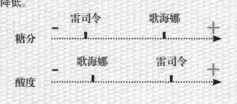

糖分

雷司令　　　歌海娜

酸度

歌海娜　　　雷司令

Ⓑ 果实的大小

葡萄果实中的水分占80%。与大粒葡萄相比，小粒葡萄的糖分、酸度、香气更为明显；如果大粒葡萄的产量减少，那么其糖分、酸度、香气等可与小粒葡萄一较高下（如佳丽酿）。

比较清淡的葡萄酒

比较强劲的葡萄酒

Ⓒ 果皮的颜色

葡萄果皮颜色越深，单宁含量和色素值越高。

⊖ ⟵――――――――――⟶ ⊕
单宁和色素的含量

Ⓓ 香气的成分

每种葡萄都有独特的香气，如花香（麝香葡萄）、果香（维欧尼）、植物香气（长相思）、香料香气（西拉）等，通常被称为"初级香气"。

Ⓔ 果皮的厚度

葡萄的果皮中含有单宁和色素。如果黑色葡萄品种的果皮较薄，则单宁含量较少，酿出的葡萄酒口味较清淡（如佳美）。葡萄的果皮越厚，单宁含量越高（如慕合怀特）。

了解葡萄酒中的"葡萄"
十大红葡萄品种

红葡萄品种的特征不同，酿出的葡萄酒风格也不同。例如，薄皮的品种会给葡萄酒带来较少的单宁和不太鲜明的颜色（如黑皮诺）。容易产糖的品种则会给葡萄酒带来浓郁、油滑的感觉（如歌海娜）。

弱　　中　　强

赤霞珠

青椒、桑葚、黑加仑

味觉特征：

果味：

酸度：

酒精度：

单宁：

酒的风格：

干型

在哪里种植？

法国的波尔多产区、西南产区和朗格多克产区，乃至世界各地

梅洛

樱桃、李子、薄荷叶

味觉特征：

果味：

酸度：

酒精度：

单宁：

酒的风格：

干型

在哪里种植？

法国的波尔多产区、西南产区及朗格多克产区，乃至世界各地

黑皮诺

草莓、覆盆子、蕨类植物

味觉特征：

果味：

酸度：

酒精度：

单宁：

酒的风格：

干型

在哪里种植？

法国的勃艮第产区、香槟区产区和位于法国中部的产区，以及德国，新西兰，美国俄勒冈州，智利

西拉

桑葚、胡椒、紫罗兰

味觉特征：

果味：

酸度：

酒精度：

单宁：

酒的风格：

干型

在哪里种植？

法国罗讷河谷产区和朗格多克-鲁西永产区，以及澳大利亚，美国加利福尼亚州，智利，阿根廷，南非

慕合怀特

桑葚、胡椒、
百里香

味觉特征:

果味: ◆◆◆◇◇

酸度: ◆◆◆◇◇

酒精度: ◆◆◆◆◆

单宁: ◆◆◆◆◆

酒的风格:

干型

在哪里种植?

法国的罗讷河谷区、普罗旺斯(邦
多勒)产区及朗格多克-鲁西永产区,
以及西班牙,澳大利亚

歌海娜

草莓、覆盆子、
焦糖

味觉特征:

果味: ◆◆◆◆◆

酸度: ◆◇◇◇◇

酒精度: ◆◆◆◇◇

单宁: ◆◆◆◇◇

酒的风格:

干型、天然型甜酒(加强酒)

在哪里种植?

法国的罗讷河谷产区和朗格多克-鲁西永
产区,以及西班牙,意大利,澳大利亚,
美国加利福尼亚州

品丽珠

覆盆子、黑加仑、药草

味觉特征:

果味: ◆◆◆◆◇

酸度: ◆◆◆◆◆

酒精度: ◆◆◆◇◇

单宁: ◆◆◆◆◇

酒的风格:

干型

在哪里种植?

法国卢瓦尔河谷产区(希农、索米尔、布尔格
伊)、波尔多产区和朗格多克产区

佳美

樱桃、胡椒、香蕉

味觉特征:

果味: ◆◆◆◆◆

酸度: ◆◆◆◆◆

酒精度: ◇◇◇◇◇

单宁: ◆◆◇◇◇

酒的风格:

干型

在哪里种植?

法国博若莱产区和卢瓦尔河谷产区

丹魄

樱桃、李子、玫瑰

味觉特征:

果味: ◆◆◆◆◇

酸度: ◆◆◆◇◇

酒精度: ◆◆◆◆◇

单宁: ◆◆◆◆◇

酒的风格:

干型

在哪里种植?

西班牙,葡萄牙,阿根廷,美国

桑娇维塞

李子、茶叶、鸢尾花

味觉特征:

果味: ◆◆◆◆◇

酸度: ◆◆◆◆◆

酒精度: ◆◆◆◆◇

单宁: ◆◆◆◆◇

酒的风格:

干型

在哪里种植?

意大利托斯卡纳产区,法国科西嘉岛
产区,美国加利福尼亚州

了解葡萄酒中的 "葡萄"

十大白葡萄品种

白葡萄的果肉是影响葡萄酒风格的重要因素。如用偏酸的葡萄可以酿出
清爽型的葡萄酒，不同的葡萄品种会演变出多样的香气。

弱　　中　　强

霞多丽

青苹果、柠檬、桃子

味觉特征：

果味：

酸度：

酒精度：

酒的风格：

干型

在哪里种植？

法国的勃艮第产区、香槟区产区、
汝拉产区和朗格多克产区，乃至
世界各地

长相思

草本植物、柠檬、忍冬

味觉特征：

果味：

酸度：

酒精度：

酒的风格：

干型

在哪里种植？

法国卢瓦尔河谷中部产区（桑塞尔，
普伊-富美）、波尔多产区

赛美蓉

柠檬、椴树叶、蜂蜜

味觉特征：

果味：

酸度：

酒精度：

酒的风格：

干型、甜型

在哪里种植？

法国波尔多产区（索泰尔纳）和西南产区
（蒙巴兹雅克），澳大利亚

雷司令

青柠檬、杏、石油

味觉特征：

果味：

酸度：

酒精度：

酒的风格：

干型、甜型、起泡酒

在哪里种植？

法国阿尔萨斯产区，德国，奥地
利，美国，加拿大，澳大利亚，新
西兰

灰皮诺

梨、甜瓜、蜂蜜

味觉特征：

果味： 🔵🔵🔵⚪⚪

酸度： 🔵🔵🔵⚪⚪

酒精度： 🔵⚪⚪⚪⚪

酒的风格：

干型、甜型

在哪里种植？

法国阿尔萨斯产区，意大利（北部），
美国，加拿大，新西兰

琼瑶浆

玫瑰、荔枝、蜜饯

味觉特征：

果味： 🔵🔵🔵🔵⚪

酸度： 🔵🔵🔵⚪⚪

酒精度： 🔵🔵⚪⚪⚪

酒的风格：

干型、甜型

在哪里种植？

法国阿尔萨斯产区，德国，奥地利，
意大利（北部），新西兰

白诗南

黄香蕉苹果、桃子、木瓜

味觉特征：

果味： 🔵🔵🔵🔵⚪

酸度： 🔵🔵🔵🔵⚪

酒精度： 🔵🔵⚪⚪⚪

酒的风格：

干型、甜型、起泡

在哪里种植？

法国卢瓦尔河谷产区（武弗雷、安茹等），
南非，美国

麝香

葡萄、椴树叶、木瓜酱

味觉特征：

果味： 🔵🔵🔵🔵⚪

酸度： 🔵🔵🔵⚪⚪

酒精度： 🔵🔵🔵⚪⚪

酒的风格：

干型、甜型、起泡、加强酒

在哪里种植？

法国阿尔萨斯产区和朗格多克产区
（加强酒），意大利（阿斯蒂），
希腊，西班牙，葡萄牙，澳大利亚

维欧尼

桃子、紫罗兰、麝香

味觉特征：

果味： 🔵🔵🔵⚪⚪

酸度： 🔵🔵⚪⚪⚪

酒精度： 🔵🔵🔵⚪⚪

酒的风格：

干型

在哪里种植？

法国罗讷河谷产区（孔德里约）和
朗格多克产区，美国加利福尼亚州，
阿根廷，智利，澳大利亚

维蒙蒂诺

柚子、桃子、菠萝

味觉特征：

果味： 🔵🔵🔵🔵⚪

酸度： 🔵🔵🔵⚪⚪

酒精度： 🔵🔵⚪⚪⚪

酒的风格：

干型

在哪里种植？

法国朗格多克-鲁西永产区、罗讷河谷产区
（南部）和科西嘉岛产区，以及意大利

了解葡萄酒中的"葡萄"

欧洲葡萄品种 TOP 20产区图

据统计，全世界现有数千种葡萄品种，但只有几十种能进行大批量商业化生产。这取决于它们所处的地理位置以及所在地的不同气候（详见18—19页）。

1 赤霞珠

2 梅洛

3 阿依伦

4 丹魄

5 霞多丽

6 西拉

7 歌海娜

8 长相思

9 白玉霓（或特雷比奥罗）

10 黑皮诺

寒冷地区
温暖地区
炎热地区

爱尔兰　英国　荷兰　比利时　法国　葡萄牙　西班牙

瑞典　芬兰

威

麦

德国　波兰

捷克

奥地利　斯洛伐克

斯洛文尼亚

克罗地亚　匈牙利　罗马尼亚

摩尔多瓦

乌克兰

大利 9

波斯尼亚和
黑塞哥维那

塞尔维亚

黑山

马其顿

阿尔巴尼亚

保加利亚

梵蒂冈

希腊

11　佳丽酿
（或马士罗）

12　博巴尔

13　桑娇维塞
（或涅露秋）

14　慕合怀特
（或慕尔伟德）

15　威尔士雷司令
（或格拉斯维纳）

16　白羽

17　品丽珠

18　雷司令

19　灰皮诺

20　马卡贝奥
（或维奥娜）

了解葡萄酒中的"葡萄"

葡萄生长的需求

糖是光合作用的产物。因此葡萄产出的糖分越多，每年成熟葡萄的产量就越大。

光合作用是如何进行的?

二 氧 化 碳 ＋ 水 ＝ 糖 ＋ 氧 气

CO_2

O_2

糖

:水

N:营养物质，矿物质
（氮、磷、钾……）

N

阳光

1 阳光

阳光提供光合作用所需要的能量，促进葡萄植株发育，从而使葡萄果实中的糖分增加。葡萄植株所需要的日照量是最少的，即使海洋性气候下的温和日照，也适合葡萄种植。

2 热量

热量可以使葡萄发育并成熟，温度越高，葡萄生长得越快。但最高界限是22℃，高于22℃，葡萄的生长就开始变慢。

多雨的天气
要求土壤排水性好
（如砂砾土）

干旱的天气
要求土壤储水性好
（如黏土）

为什么说葡萄不能种在太肥沃的土地上？

葡萄植株对于营养物质的需求很少。换言之，太肥沃的土地不适合它。

因为肥沃的土地会促进周边植物的生长，从而影响葡萄的含糖量。

此外，在贫瘠的土地上生长，葡萄不易患病。

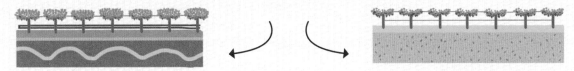

+雨水/+肥沃的土壤
=
+植被/−葡萄的含糖量

+阳光/+贫瘠的土壤
=
−植被/+葡萄的含糖量

❸ 风

风能帮助葡萄植株透气、祛湿，限制真菌病害的发展（在潮湿的环境中植物易得这种病害），还有助于调节植株的局部温度。

❹ 水

水是光合作用不可或缺的成分，葡萄植株在整个生长过程中都需要水。这个供水的过程应当是适量的。葡萄植株依靠根部吸收水分，土壤是其吸收水分时最主要的调节器。因此，水的储存对葡萄的产量起着决定性的作用。

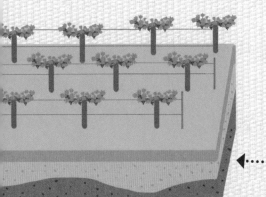

❺ 营养物质

葡萄生长所需的最重要的营养成分是氮、磷、钾。

光合作用
会产生什么糖？

光合作用时产生的糖主要是葡萄糖和果糖，它们都是可发酵糖，发酵后转化为酒精。

光合作用时产生的其他不可发酵的糖只有极少量（0.5—1.7克/升）。这意味着一款干型葡萄酒在完全发酵后，含糖量不可能为 0 克/升。

了解葡萄酒中的"葡萄"
气候的影响

这里所说的"气候"是指在一个区域固定时间段内的温度、降雨量和日照强度。气候会影响葡萄酒的风格，也是决定葡萄品质的首要因素。凉爽的天气下出产的葡萄酒味道较清淡、酸感较强烈，而炎热的天气下出产的葡萄酒味道更强劲、浓烈。

纬度的影响

气候制约着全球葡萄种植区的分布：无论冬季，还是夏季，葡萄都比较喜欢温和的气候；无论是海洋性气候，还是大陆性气候，它都需要四季分明的气候条件。所以我们会发现所有葡萄园都位于南纬和北纬30°~50°的区域。

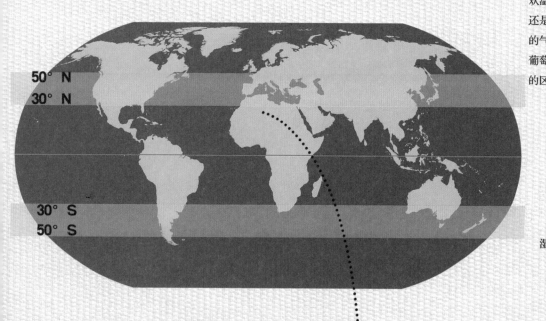

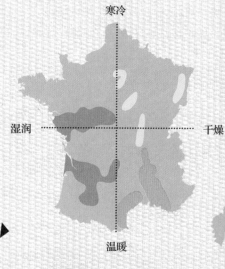

寒冷

湿润 —————— 干燥

温暖

▨ 海洋性气候

▨ 大陆性气候

▨ 地中海气候

法国：气候的交叉口

法国气候多变，因为它处于三种强大气候的交叉口：海洋性气候（来自法国西部）、大陆性气候（来自法国东北部）和地中海气候（来自法国东南部）。
因此造就了法国葡萄酒的丰富多样。

四种气候类型

气候类型	温度	降雨量	日照强度	观测报告	举例
温带大陆性气候	年温差大 冬季寒冷	少 （夏季主要为暴风雨）	强	+葡萄酒为清爽型， 香味纯正 -有遭受霜冻和冰雹的风险	法国阿尔萨斯产区、 勃艮第产区、 罗讷河谷北部产区
海洋性气候	年温差较小 夏、冬季节气候较 柔和	全年均有降雨	适中（多云雾）	+葡萄酒的味道较复杂， 酸度/酒精度均衡 -葡萄植株易染病害，葡萄的 成熟度不均，葡萄果实的 大小存在偶然性	法国波尔多产区和南特产区， 西班牙加利西亚产区， 新西兰，美国俄勒冈州
地中海气候	冬季温和 夏季炎热	降雨主要集中在冬季 （有时春秋季多雨）， 夏季干旱	强	+适宜种植葡萄：病虫害少， 成熟度良好 -有时需要灌溉	法国朗多克-鲁西永产区、 普罗旺斯-科西嘉岛产区 和罗讷河谷南部产区， 以及意大利，西班牙， 地中海，美国加利福尼亚州， 澳大利亚
热带大陆性气候 （或半干旱 气候）	气温高	少 （只在雨季有降雨）	强	+病虫害少 -需灌溉，出产的葡萄酒味 道浓重	西班牙中部，澳大利亚 内陆地区，阿根廷， 葡萄牙杜罗河产区

主要气候灾害

• 冰冻
- 冬季：葡萄植株被冻死
- 春季：影响采摘

• 降雨过量
- 花期时=>导致收成减少
- 成熟期时=>导致葡萄的 味道被稀释
- 收获期时=>导致葡萄 易腐烂

• 干旱
- 使葡萄干枯，阻碍 葡萄成熟

• 炎热
- 导致酒精度过高，香味弱 （理想的气候：白天热， 夜晚凉）

• 冰雹
- 毁坏葡萄的芽、 叶或果实

― 气候对葡萄种植的影响 ―

局部气候 = 在栽种时，需要考虑土地的 朝向、地形（平原或山丘）或海拔 （详见22—23页）。

微气候 = 葡萄园中每棵植株的"气候" （包括植株大小、种植设备、剪枝情况）， 这会影响葡萄的日照、通风、浇水等 （详见28—29页）。

了解葡萄酒中的"葡萄"
年份效应

"年份"是指葡萄采摘的年份。气候决定了某一年葡萄的产量和品质。而葡萄的品质取决于葡萄的成熟度。年份效应对于处在温暖地区和寒冷地区的交叉地带、受多种气候影响的葡萄园来说极为明显。

品质或产量，只能二选一吗？

产量和品质并不一定总是处于对立面。从出芽期、花期到采摘期，葡萄的产量和品质取决于天气。

1990年：产量高，品质好。
2004年：产量高，品质一般。
2013年：产量低，品质较差。
因此，一个好的年份应该符合品质好、产量高的特点。

年份
=
葡萄采摘的年份

如何根据葡萄的成熟度来定义好年份？

葡萄酒的品质取决于当年葡萄的成熟度。因此，一个好年份必须符合：

不同成熟度时香味的变化
例如，赤霞珠在低成熟度时会散发出不好的味道；在适合的成熟度时会散发出雪松的味道

葡萄表皮含有柔滑的单宁
（初尝时又苦又涩）

果实中糖分/酸度均衡

20

天气对葡萄成熟度的影响

夏季的强日照及高温
=
糖分增加，单宁变得
更加柔滑

多云
=
延长成熟过程，葡萄
过于青涩

气温过高
=
酸度大大降低

降雨
=
病虫害的风险（详见30—31页）
+葡萄水分多=稀释了葡萄的
糖分和酸度

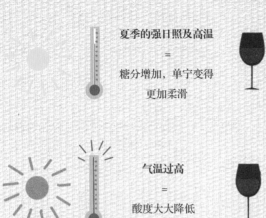

法国处于三种气候影响的交叉地带
（详见18—19页），每年的气候变
化较大。因此，每年的葡萄品质不
一，年份差异非常明显。

气候寒冷的年份
- 酒精度低
- 酸度高
- 单宁又干又涩
- 味道像绿色植物

好年份
- 酒精度及酸度完美平衡
- 单宁丝滑
- 味道细腻

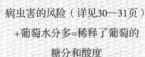 + 米 + ☀ = 大陆性气候的影响
+ + = 海洋性气候的影响
= 地中海气候的影响

气候炎热的年份
- 酒精度过高
- 酸度低
- 味道像果酱

酒农的工作

尽量避免气候带来的不良影响是非常重要的。通常所说的"酒农的年份"指的是条件艰难的年份，好的酒农知道如何摆脱困境。以下是主要的
防预措施：

 ·在葡萄园中加工处理 ·选择性采摘 ·在酒窖中筛选
好的葡萄 ·根据每一年的具体
情况采取适当的酿
造方法

了解葡萄酒中的"葡萄"
地貌学的应用

"地貌"是指一个地区的地质形貌，是对一块土地外貌的描绘。葡萄园的地貌由多种因素决定，其中最主要的是葡萄园所处位置（平原或山丘）的倾斜度、水文情况及海拔。

> ### 平原
> - 日照有限，水不流通。
> - **阴冷潮湿的地区**：不推荐种植。
> - **气候炎热、干旱**：有利于种植。
> 例如，教皇新堡（法国罗讷河谷），拉曼查（西班牙）。

> ### 山丘
> - 良好的日照条件有利于光合作用。
> - **排水特点**：地形的倾斜有利于排出水分。
> - 如果在山丘上种葡萄，一定要在半大陆性气候的凉爽区域（德国，法国的勃艮第、阿尔萨斯和香槟区）及气候温和的区域（法国卢瓦尔河谷、波尔多地区……）。

> ### 葡萄园种植方向的选择
> 气候温和的区域，优先选择朝东南的方向。葡萄植株会在清晨接触到阳光，这时不仅可以晒干植株上的露水（防止病害发生），也可以在一天中较早的时间达到理想的光合作用温度，从而使葡萄获得较好的成熟度。
>
> 气候炎热的区域，需要避免高温和强日照，可选择朝北的方向（适用于北半球）。

海拔和地貌对葡萄植株及葡萄酒的影响

	海拔和温度	倾斜度和雨水	倾斜度和阳光	描述
对葡萄植株的影响	温度随着海拔的升高而降低	斜坡有助于排水，平原土壤相对贫瘠，适中的土壤含水量有利于葡萄的品质（味道不会被稀释）	斜坡使日照达到最理想的状态（远离赤道的地区）	在气候凉爽的地区，坡向朝东、东南及南有利于葡萄的成熟度（气候炎热的地区，朝北有助于葡萄散热）
对葡萄酒的影响	葡萄酒相对清爽、味淡	葡萄酒相对浓郁	葡萄酒相对强劲	葡萄酒相对强劲（在温带的葡萄园）

海拔

- 通常海拔越高，温度越低（海拔每升高100米，温度降低0.65℃）。
- 空气变得更干燥。
- 氧气更稀薄。
- 大气压降低，葡萄成熟的过程变长。

水流及湖泊

- 水能调节空气的温度：在寒冷的气候下，水的温度高于空气的温度，水就变成葡萄植株热量的来源（+2/3℃）。反之，在炎热的气候下，水能给葡萄植株降温。
- 水能反射阳光，为葡萄植株提供第二次日照。

了解葡萄酒中的"葡萄"
土壤扮演什么角色

土壤并不只是扮演简单支撑葡萄植株的角色，它的成分、孔隙度及温度，均能影响葡萄植株的长势，这些从葡萄的果实就可以看出来。

土壤温度

干燥土壤比湿润土壤更易升温，湿润土壤中的水分能让土壤保持凉爽。葡萄生根时土壤的温度会影响葡萄的生长周期和成熟度（土壤温度应高于10℃）。土壤的温度越高，葡萄成熟得越快。因此建议：

- 温度较高的土壤适合晚熟的品种（如赤霞珠）；
- 温度较低的土壤适合早熟的品种（如梅洛）。

土壤的含水量

一些易渗水的土壤（如沙地）通过重力作用排水，因此植物为了获得水分，根部会向深处生长。其他类型的土壤则相对扎实，持水性较好（如黏土），植物的根部会向土壤表层生长。最适合种植葡萄的是能够维持降雨量与排水量均衡的土壤：

- 强降雨量
→ 易渗水的土壤
- 气候干旱
→ 持水性好的土壤

土壤的矿物质成分

葡萄的生长不需要太多的矿物质，但如果矿物质摄取不足，葡萄植株的根易生病。相反，过多的矿物质会使葡萄植株生长得过于强壮，从而导致葡萄果实品质下降（成熟度受到影响）。葡萄植株所需的矿物质主要为氮、磷、钾。

葡萄种植所选用的土壤类型（主要成分）

·泥灰岩·

葡萄酒风格：
清爽、细腻、柔和
分布：夜丘（法国勃艮第产区），
巴罗洛（意大利）

·白垩土·

葡萄酒风格：
活泼、有矿物质感
分布：香槟区（法国香槟区产区），
赫雷斯（西班牙）

·石灰质黏土·

葡萄酒风格：
圆润、细腻、丝滑
分布：圣埃米利永（法国波尔多产区），
里奥哈（西班牙），托斯卡纳（意大利）

·冲积岩·

葡萄酒风格：
浓郁、强劲
分布：波亚克（法国波尔多产区），
教皇新堡（法国罗讷河谷产区）

·页岩·

葡萄酒风格：
辛辣、独特
分布：罗第丘（法国罗讷河谷产区），
摩泽尔（德国），普里奥拉托（西班牙）

·火山岩·

葡萄酒风格：
芳香型
分布：索阿韦（意大利），兰萨罗特
岛（西班牙），锡拉岛（希腊）

第2章
葡萄是怎么变成酒的

葡萄是怎么变成酒的
葡萄植株及
//////// 酒农历年 ////////

酿酒葡萄所需的成熟度远大于野生状态下葡萄的成熟度，所以酒农的工作还包括采取有助于（或抑制）葡萄生长的措施来提高葡萄的成熟度。

剪枝

两种剪枝方法：

- 修剪前一年的嫩枝，但保留1—2根完好无损的枝条（每棵植株上有十几根嫩枝）；
- 齐根剪掉每根嫩枝上的2—3个嫩芽。嫩芽是新一年的嫩枝。

·发芽期·

葡萄发芽：这是葡萄植株生长周期的开端。

·休眠期·

嫩枝（绿色枝条）成长为更粗壮的枝条（硬木头），称为"木化"。想要产出有品质的果实，嫩枝需生长1年。

发芽季

·成熟期·

这时糖分/酸度达到平衡。葡萄籽的颜色由绿色变为褐色；果皮中的单宁变得柔滑，不再干涩。这时葡萄达到最理想的成熟度，可以收获了。

采收季

手工采摘

优点 ⊕

- 可以选择性采摘 · 无损采摘整串葡萄 · 不易损伤葡萄植株
- 适用于各种葡萄园 · 各种葡萄植株均适用

缺点 ⊖

- 时间长 · 成本高

机械采摘

优点 ⊕

- 更快 · 更经济 · 只采收果实

缺点 ⊖

- 无法精选 · 损坏葡萄植株 · 葡萄可能会被挤压（葡萄汁有被氧化的风险）
- 有的葡萄园不适用 · 只适用于绑缚在垂直葡萄架上生长的葡萄植株

秋季

耕地

耕地是为了促进土壤中的生物活动，包括蚯蚓，从而促进有机物质在土壤中的分解，使土壤更加肥沃。

防疫处理

葡萄的防疫是指借助机器喷洒农药，主要喷洒在葡萄叶上。需要根据农作物的类型来使用农药（详见32—33页）。喷洒农药要有规律地反复进行，最晚到采摘前一个月。喷洒的频率主要取决于当年的气候条件。

·花期·

花期很短暂，只有十几天。花分布在花序梗上，即"花序"，后形成葡萄串。

·果期·

果期是经过传粉后花朵转化成果实的阶段。

绑缚

这是指将葡萄植株用铁丝固定在木头支架上。这样有利于葡萄叶和果实的光照，有助于空气循环。

·转色期·

这是葡萄变色的阶段。红葡萄由绿色变为"黑色"（紫色），白葡萄由绿色变成半透明的黄色。当果实变软、糖分增加、酸度降低时，就意味着葡萄成熟了。

绿色采摘

绿色采摘不是一种系统性的操作，它是指在果实仍青涩时淘汰一些葡萄串。这是为了确保其他葡萄串的生长，使它们享受更多供给，更好地吸收养分。

掌控成熟期

夏末时要把控好最精确的采摘时刻，因此每天要测量糖分和酸度值。折光仪可以用来测试葡萄的糖分。此外，可以通过品尝来判断葡萄果皮的成熟度，尤其是单宁。

葡萄是怎么变成酒的

葡萄的病虫害

葡萄的种植要求非常苛刻，因为葡萄极易因患病虫害而受损，从而影响果实的长势和品质。下面来看看葡萄的主要病因及其解决方案。

· 葡萄串上的毛毛虫

后果：毛毛虫会钻进果实中，使果实干枯或腐烂。

来源：环境中自然存在。

解决方法：

· 皮尔斯病

后果：细菌阻碍植物组织内的水分流通，导致植株缺水，从而死亡。

传染媒介：叶蝉。

解决方法：

· 黄化病

直接后果：限制了叶绿素的产生，影响植株进行光合作用。

原因：生理学疾病，通常是因缺铁造成的。

解决方法：

· 粉孢菌及霜霉病

后果：真菌抑制植株进行光合作用，从而抑制葡萄的生长（影响糖分产出）和成熟。

原因：天气原因使真菌增长。

解决方法：

· 线虫

直接后果：这种微小的蠕虫寄生在植株根部，咬噬并吸收根部的水分和营养物质，导致葡萄植株因缺水、养分而死亡。

间接后果：有些线虫带有病毒，扇叶病就是通过线虫传播到葡萄植株体内的。

来源：土壤中自然存在。

解决方法：

解决方法

· 杀真菌剂、农药、杀虫剂

采取化学喷雾的方法（传统解决方式或理性解决方式）。

· 给葡萄植株通风

这是一种预防措施，有助于葡萄植株周围的空气流通。可以砍下一部分带叶子的枝干，或有间隙地排列葡萄植株，避免潮湿。

· 拔除

因为没有别的解决方法。

· 灰霉病

后果：真菌感染整棵植株，导致葡萄变灰、逐渐干枯。

原因：气候条件对真菌生长有利。

解决方法：

· 叶蝉

直接后果：小虫洞会直接造成葡萄产量和品质下降。

间接后果：有感染的风险（葡萄黄化病）。

来源：环境中自然存在。

解决方法：

· 螨虫

后果：黄色或红色的螨虫咬穿葡萄叶，影响植株进行光合作用，从而影响葡萄的生长和品质。

来源：环境中自然存在。

解决方法：

· 扇叶病

后果：病毒导致葡萄植株退化、衰败。

传染媒介：标准剑线虫（请见"线虫"）。

解决方法：

· 葡萄根瘤蚜病

后果：蚜虫会咬噬葡萄植株的根部，阻碍葡萄植株从土壤中吸收水分和营养物质。植物会在1—5年内死亡。

来源：1863年从北美洲传到欧洲，在15年间损毁了欧洲所有的葡萄园，直到现在仍然存在威胁。

解决方法：

· 埃斯卡真菌病

结果：真菌感染植株枝干，导致葡萄植株干枯死亡。

原因：气候条件促使真菌繁殖。

解决方法：

· 嫁接

这是葡萄植株被埋在土里的根部。我们可以将易受害的品种嫁接到一种美洲种抗蚜葡萄植株上。

· 生物多样性

引入破坏性昆虫的天敌，同时有助于提高生物多样性，尤其是对螨虫，有天然的抑制作用。

葡萄是怎么变成酒的
葡萄种植的不同方式

月历

月历是耕作者不可或缺的参考依据：
参照恒星在12星座间的周期性运动（月亮的转移），分为4个阶段：根日、叶日、花日及果日。

参照回归线的周期性运动，
分为两个阶段：升月和降月。

例如：

栽种和耕地=>葡萄植株的根日，降月。
剪枝和防疫=>花日和果日，降月。
采收=>果日，升月。
上架和装瓶=>果日，升月。

葡萄的常规种植方式

目标：确保法国食品安全的独立性（产量和品质）。
原则：系统供给种子、肥料、杀虫剂产品（通常为化学合成产品）等，尽可能提高产量。

结果
⊕ 生产成本降低，从而使价格降低。
⊖ 化工产品使土地变得贫瘠，水受到污染。

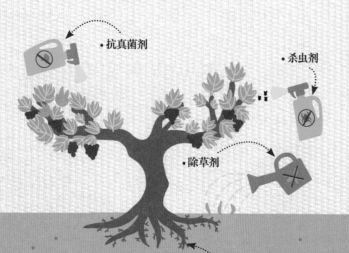

- 抗真菌剂
- 杀虫剂
- 除草剂
- 土壤贫瘠且紧实 ·
（葡萄植株的根在土壤表层生长）

酒窖

常规种植
- 系统使用化学药剂。
- 使用大剂量二氧化硫。

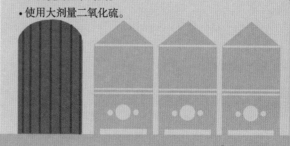

- 常规种植的目标是每年产出高且产量稳定。
- 经常使用化学合成产品（防治病害、避免感染寄生虫）。

这种方法对环境有不好的影响，自2000年以后已大面积减少使用。

- 绿色环保操作的益处
（如修剪枝叶等）预防疾病

- 有节制地使用化学合成产品
（根据葡萄园的实际情况选择性使用）

酒窖

理性种植

- 有限制地使用化学药剂。
- 减少二氧化硫的剂量。

- 土壤更肥沃
（植株的根向深处生长）

- 理性种植仍会使用化学合成产品，但有了严格的用量限制。
- 重视环境保护、社会效益和社会需求。
- 使用资源和自然调节机制，确保葡萄种植在环境与经济方面的可持续发展。

- 有机种植禁止使用化工产品，只允许使用纯天然制剂（铜制药剂、硫制药剂、植物性杀虫剂）。
- 有机种植使土壤富含"活力"，保证动物和植物的可持续发展，有利于保护葡萄园的自然生态系统。

酒窖

有机种植

 生物学

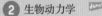 生物动力学

- 使用纯天然制剂
（波尔多液、木贼汤剂或荨麻汤剂等）

- 土壤肥沃、空气流通

生物动力学属于有机种植的一个分支，根据月亮运行周期制订种植计划。生物动力学种植，通过对动植物、矿物质来源的调节，改善土壤环境和植株生长条件。它的应用符合月球与行星的月历（详见左侧关于"月历"的介绍）。

葡萄是怎么变成酒的
酒窖

酒窖是生产葡萄酒的地方（包括发酵、熟成、装瓶等阶段的整个生产过程）。因此在建造酒窖时要考虑：使酒农的工作更便利，确保葡萄及出产葡萄酒的品质。

下面来简单地参观一下……

① 室外接收处

② 压榨机

③ 发酵室

④ 熟成室

⑤ 过滤器

⑥ 装瓶和装箱

⑦ 发货

销售

优质葡萄酒

葡萄是怎么变成酒的

酿造红葡萄酒

大部分葡萄的果肉都是白色的，葡萄之所以"红"，是因为果皮中含有色素。因此，将整颗葡萄连皮带肉一起浸渍，不仅能提炼出颜色，还能提炼出香气和单宁。

❷ 脱粒

剥离葡萄（梗）

（葡萄串的木质结构）

❶ 品种的选择

根据产区和想要酿造的风格

- 清爽型、果味型葡萄酒：佳美、黑皮诺
- 强劲型葡萄酒：赤霞珠、马尔贝克、西拉

❺ 发酵

糖+酵母=>酒精+二氧化碳

17克/升的糖
=1%的酒精

❹ 入桶

碾碎的葡萄

❸ 破皮

碾碎葡萄果肉=>流出果汁

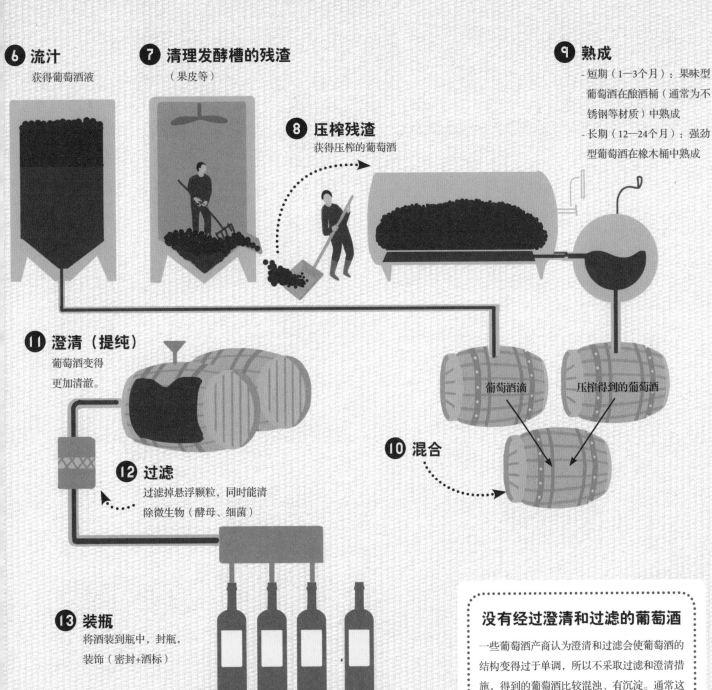

6 流汁
获得葡萄酒液

7 清理发酵槽的残渣
（果皮等）

8 压榨残渣
获得压榨的葡萄酒

9 熟成
- 短期（1—3个月）：果味型葡萄酒在酿酒桶（通常为不锈钢等材质）中熟成
- 长期（12—24个月）：强劲型葡萄酒在橡木桶中熟成

葡萄酒滴

压榨得到的葡萄酒

10 混合

11 澄清（提纯）
葡萄酒变得更加清澈。

12 过滤
过滤掉悬浮颗粒，同时能清除微生物（酵母、细菌）

13 装瓶
将酒装到瓶中，封瓶，装饰（密封+酒标）

没有经过澄清和过滤的葡萄酒

一些葡萄酒产商认为澄清和过滤会使葡萄酒的结构变得过于单调，所以不采取过滤和澄清措施，得到的葡萄酒比较混浊、有沉淀。通常这些酒的品质也是很好的。

葡萄是怎么变成酒的

酿造白葡萄酒

白葡萄酒是用葡萄汁酿造的，果皮在压榨后就被去除了。因此，酿造时讲究的平衡度来自果肉的两个组成部分：酸度——带来清新和清爽感；酒精（糖发酵后的产物）——带来圆润和脂滑感。

❷ 脱粒、挑选
将葡萄果实与梗分离

❶ 葡萄
根据产区和希望酿造的风格来选择葡萄品种：
清爽型、果味型葡萄酒：长相思、雷司令等
丰富型、复杂型葡萄酒：霞多丽、赛美蓉等

❹ 澄清
清除悬浮微粒

12—48小时

❸ 压榨
提取葡萄汁，去除固体部分
（葡萄籽和果皮）

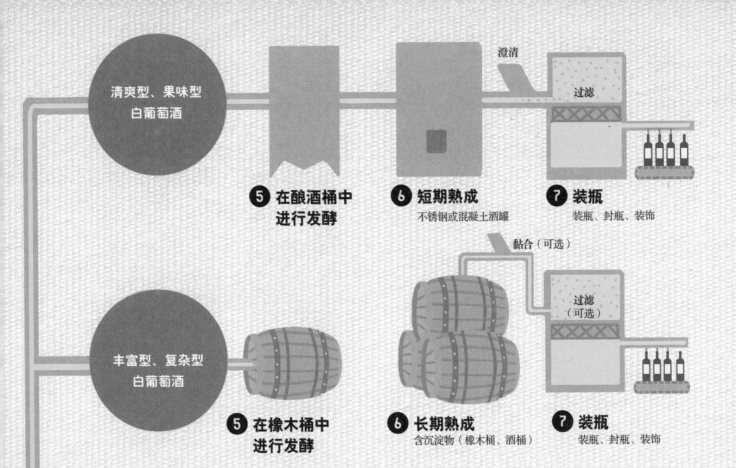

清爽型、果味型
白葡萄酒

澄清

过滤

❺ 在酿酒桶中
进行发酵

❻ 短期熟成
不锈钢或混凝土酒罐

❼ 装瓶
装瓶、封瓶、装饰

黏合（可选）

丰富型、复杂型
白葡萄酒

过滤
（可选）

❺ 在橡木桶中
进行发酵

❻ 长期熟成
含沉淀物（橡木桶、酒桶）

❼ 装瓶
装瓶、封瓶、装饰

含沉淀物的熟成

沉淀物主要指发酵后死掉的酵母。葡萄酒在熟成时接触酵母细胞会变得油腻、圆润，具有复杂的香气（面包味、奶油蛋糕味、饼干味）。

硫

现在人们从葡萄采摘到葡萄酒装瓶，在酿造不同类型的葡萄酒（白葡萄酒、红葡萄酒、桃红葡萄酒、起泡酒等）时会通过不同形式来利用硫（液体、气体等，实际加入的为"二氧化硫"）。

法律规定了硫的剂量，酒标上也会标注硫的使用。

防腐剂：防止葡萄酒被微生物破坏，如细菌或任何会导致葡萄酒变质的"祸首"。

抗氧化剂：防止葡萄酒因氧化而变质。

毒性?

世界卫生组织表示，大量饮用含有高于规定剂量硫的葡萄酒对人体是有害的。

葡萄是怎么变成酒的
酿造桃红葡萄酒

从无色到石榴红色，桃红葡萄酒会呈现不同的颜色。桃红葡萄酒的颜色来自红葡萄果皮中的色素，直接将红葡萄酒与白葡萄酒混合是不行的。有两种方法可以获得两种不同的桃红葡萄酒。

不要混合

有品质的桃红葡萄酒从来不是红葡萄酒与白葡萄酒的混合物（除了香槟）。桃红葡萄酒的颜色通过独特的酿造方式获得。

放血法
（与酿造红葡萄酒类似）

❶ 采收
黑葡萄

❷ 脱粒

❸ 破皮

❹ 发酵
果汁与果皮接触（6—36小时），这个过程是为了提取颜色

❺ 放血
这是澄清的葡萄酒果汁，在另一个酿酒桶中发酵

❻ 发酵结束时没有果皮

颜色：优雅的桃红色
香气：浓郁的红色水果香气
葡萄酒风格：酒体更结实

压榨法

（与酿造白葡萄酒类似）

① 采收

黑葡萄

② 直接压榨

这个过程要慢慢进行，这样才能使葡萄汁轻微染色

③ 澄清

使葡萄汁变得清澈

④ 发酵

⑤ 装瓶

颜色：淡淡的桃红色、有光泽的灰色

香气：柑橘类、白色花香，让人联想到白葡萄酒

葡萄酒风格：清新

法国的桃红葡萄酒是最受欢迎的

- 有世界排名第一的制造商，产量占全世界产量的1/3。
- 全世界消费第一：36%。
- 全年50%的销量集中在4—9月。
- 情侣专享：2月14日达到消费的巅峰（2014年统计）。

这是什么？

- **淡红葡萄酒**：波尔多AOP*通过放血法酿造的桃红葡萄酒。其颜色介于暗桃红色和淡红色之间，酒体结实。

- **灰酒**：是用几乎没有颜色的黑皮诺或佳美通过直接压榨法获得的。此外，灰酒的"灰色"也可以从灰色品种中获取（灰歌海娜、灰皮诺、灰苏维浓）。

*AOP是法国葡萄酒分级体系中的重要术语，是欧盟原产地命名保护的标志。指其产品的原料、生产、包装等都是在原产地完成的。

葡萄是怎么变成酒的

酿造半甜葡萄酒及甜葡萄酒

蜜饯的芳香、甜蜜、滑腻及柔和，这是甜葡萄酒令人着迷的地方。那这种甜味是哪儿来的？答案就是中止葡萄酒的发酵过程，使还未发酵的糖留存在葡萄酒中。

不要混淆

自然甜葡萄酒（VND）：通常被称为"甜酒"，通过浓缩葡萄中的糖分而来。

天然甜葡萄酒（VDN）：加强型甜葡萄酒，在酿造过程中加入酒精（详见46—47页）。

中止发酵

对于AOP级别的葡萄酒，禁止在发酵后加入糖（除非是配比起泡酒，详见46—47页）。因此，要在所有糖转化为酒精前，停止酒精发酵，称为"残糖法"。

酿造方法

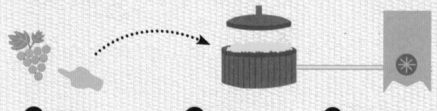

① 采收　② 压榨　③ 酒精发酵　④ 中止发酵

停

或让葡萄酒降温至4℃
（温度低于5℃，酵母停止活动）

加入二氧化硫
（二氧化硫能杀死酵母）

或进行过滤（一个可以将葡萄酒中的酵母完全去除的过滤器）

⑤ 熟成
（可选）

⑥ 装瓶

通常，经过酿造几乎可以获得所有类型的半甜葡萄酒和甜葡萄酒，葡萄的状况决定了葡萄酒的风格。

葡萄，最重要的部分……

要获得酿造半甜葡萄酒和甜葡萄酒时所需的糖分，有4种方式：

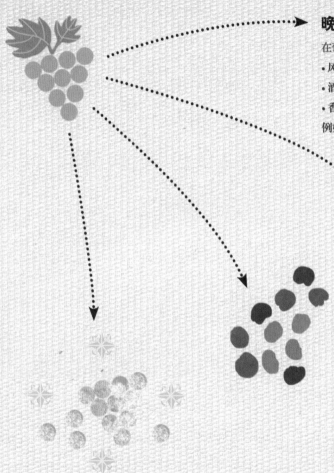

晚收

在葡萄成熟的几周后才采摘过熟的葡萄。

- 风土：需要一个好的晚收季，干燥、日照充足
- 酒的风格：半甜葡萄酒或甜葡萄酒
- 香气组合：杏味、黄桃味、百香果味、木瓜味

例如，阿尔萨斯晚收葡萄酒

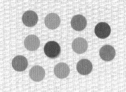

葡萄干（自然风干）

可以通过"折断一点葡萄梗使葡萄串干枯而得到干的葡萄"或"把葡萄串放在稻草上自然风干"的方法获得葡萄干，地点可以是谷仓或通风条件好的酒窖。

- 风土：需要一个好的晚收季，干燥、有日照
- 酒的风格：糖分高的甜葡萄酒（白葡萄酒或红葡萄酒）
- 香气组合：干枣味、葡萄干味、无花果干味、李子干味

例如，麦秆酒（汝拉产区）、瑞朗松葡萄酒

贵腐酒

由感染了贵腐菌的葡萄酿造而成。

- 风土：夏末有雾的清晨和干燥、晴朗的午后（通常靠近湖泊或河流）
- 酒的风格：糖分浓缩的甜葡萄酒
- 香气组合：杏干味、苦橙酱味、蜂蜜味、真菌味

例如，索泰尔纳葡萄酒、阿尔萨斯精选贵腐、卡特·休姆、托卡伊（匈牙利）、逐粒精选葡萄酒（德国）

冰酒

由冰冻的葡萄酿造。

- 风土：寒冷的早冬（至少零下7℃）
- 酒的风格：糖分浓缩的甜葡萄酒，通常酒精度较低
- 香气组合：番木瓜味、菠萝味、芒果味、蜂蜜味

例如，加拿大冰酒、德国冰酒和奥地利冰酒

根据甜度划分种类

干型：残糖量0—4克/升

半干型：残糖量4—20克/升

半甜型：残糖量20—45克/升

甜型：残糖量大于45克/升

葡萄是怎么变成酒的

酿造起泡酒

香槟和起泡酒中节庆般的气泡是从哪儿来的？答案就是在发酵过程中产生的二氧化碳气体，被封闭在酒瓶中，当我们开瓶后，二氧化碳被释放出来。

传统酿造法（香槟酿造法）

"皇家酿造法"

❶ 手工采摘

为了不损坏葡萄

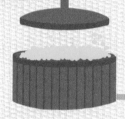

❷ 压榨

❸ 第一次发酵

获得基酒，也就是静态的干白葡萄酒（还不是起泡酒）

❺ 装瓶及二次发酵

• 这是决定性阶段（添加再发酵剂）

• 添加再发酵液（糖＋酵母）-> 进行二次发酵

❹ 调配

混合不同年份、不同品种或不同产区的葡萄酒，获得口味稳定、更为复杂的葡萄酒

❻ 瓶中二次发酵

• 也叫"第二次发酵"：酒瓶用金属或塑料瓶盖密封，平躺着放在板条上，安静地发酵

> 瓶盖将发酵产生的二氧化碳气体封闭在瓶中：二氧化碳气体溶解在酒中，变成起泡酒

❼ 带酒渣的熟成

在瓶中熟成（详见38—39页）

• 至少12个月：香槟

• 3年：年份香槟

• 9个月：法国微沫起泡酒

-> 复杂的芳香：面包味、奶油蛋糕味、饼干味

❽ 吐泥

慢慢地倾斜酒瓶，使沉淀物流向瓶口

❾ 除渣

排出沉淀物

❿ 补液

根据期望的甜度，可以进行相应的补液（由糖和葡萄酒调配而成）

酒桶密封法（罐中发酵法）

既经济，又能保证品质

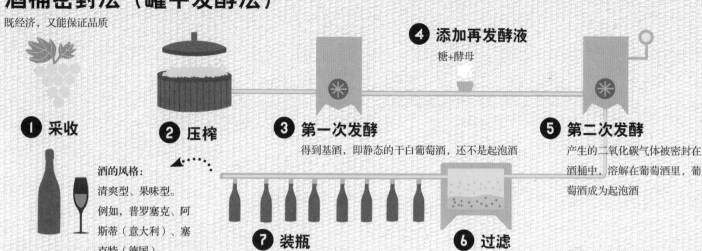

4 添加再发酵液
糖+酵母

1 采收

2 压榨

3 第一次发酵
得到基酒，即静态的干白葡萄酒，还不是起泡酒

5 第二次发酵
产生的二氧化碳气体被密封在酒桶中，溶解在葡萄酒里，葡萄酒成为起泡酒

酒的风格：
清爽型、果味型。
例如，普罗塞克、阿斯蒂（意大利）、塞克特（德国）

7 装瓶

6 过滤

祖传的方法

最古老的酿造方法

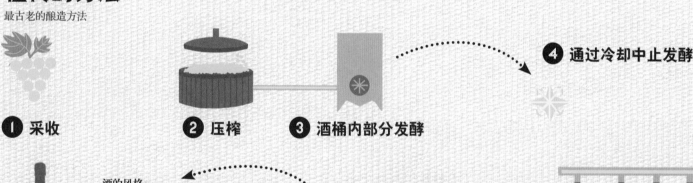

4 通过冷却中止发酵

1 采收

2 压榨

3 酒桶内部分发酵

酒的风格：
甜度和气泡情况是多变的。
例如，双糖克莱雷起泡酒方法、祖传的利穆布朗克特方法、盖拉克的盖拉克酿酒法

6 二次发酵
在瓶中进行第二次自然发酵

5 装瓶
这个过程不加糖

气化法

最经济，但品质不佳

在基酒中加入二氧化碳，从而得到低端的工业型起泡酒。这种方法在欧盟已经被禁止。

酒的风格：
具有强劲气泡的工业产品。
这种酒在欧盟国家已经被禁止酿造，但是在新世界国家*依然可以找到这种酒。

* "新世界"是指欧洲之外的新兴葡萄酒生产国，包括美国、南非、澳大利亚、新西兰、智利和阿根廷等。相对而言，"旧世界"指欧洲传统葡萄酒生产国，包括法国、意大利、西班牙、德国和西班牙等，还包括北非和中东的一些古老国家。

葡萄是怎么变成酒的

酿造加强型葡萄酒

波特酒（葡萄牙）、巴纽尔斯（法国鲁西永）、里韦萨特……它们的相同之处是富含酒精，给人以热情之感。在葡萄汁或葡萄酒中加入中性的烈酒（白兰地），使发酵过程中止，进而使酒精度升高（酒精度为15%—22%）。

两个重要的步骤将改变葡萄酒的风格

中止发酵
这决定了葡萄酒的甜度

熟成方式
会影响葡萄酒的香气

在发酵前

极甜葡萄酒
这是掺了酒精的未发酵葡萄汁。例如，皮诺香甜酒、加斯科涅弗洛克利口酒、加泰姬利口酒、果酒

在发酵中

甜型葡萄酒
这是天然甜葡萄酒。例如，波特酒、马德拉酒、巴纽尔斯、莫里、里韦萨特麝香

在发酵后

干型葡萄酒
这是干型甜葡萄酒。例如，菲诺、阿蒙蒂亚雪利、欧罗索雪利

不熟成
强劲、果味型葡萄酒
酒色：红葡萄酒呈深红宝石色，白葡萄酒呈金色

红葡萄酒的香气：樱桃味、桑葚味、胡椒味

白葡萄酒的香气：水蜜桃味、柠檬味、白色花朵的香味

例如，弗龙蒂尼昂麝香、巴纽尔斯特殊年份酒

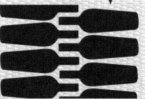

在瓶中熟成
强劲、复杂、陈年的葡萄酒

酒色：暗淡的瓦红色

香气：皮革味、烟草味、松露味、香料味

例如，年份波特酒

氧化熟成

保持与空气接触（几年）。在部
分填满的酒桶内熟成，或在阳光
照射着的大肚瓶中熟成
=>强劲、油滑的葡萄酒

酒色：白葡萄酒呈琥珀色，红葡萄酒
呈瓦红色或褐色

香气：巧克力味、咖啡味、榛子味、
蜜饯味、甜香料味

例如，茶色波特、茶色里韦萨特（白
葡萄酒）或红色里韦萨特（红葡萄
酒）、马德拉酒、欧罗索雪利

带"面纱"的葡萄酒

这是强劲的干型白葡萄酒，带有浓郁的干果香气。葡萄酒长时间在未填满的酒桶中熟成。酵母"面纱"*保护葡萄酒不被氧化，酵母在一定的温
度和湿度下继续生存。

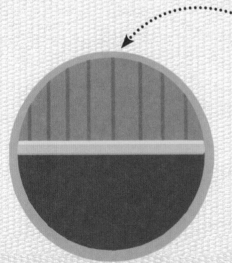

有机熟成

酵母形成的"面纱"避免了葡萄酒与空气接触，
阻止氧化，被称为"生物熟成"。葡萄酒在
活酵母的作用下熟成。

酒色：淡黄色

香气：干果味、酵母味、杏仁味

例如，黄酒（汝拉产区）、菲诺、曼萨尼亚雪利

你知道吗?

生物熟成并非加强型葡萄酒专有，
如法国汝拉产区生产的黄酒也
采用生物熟成的方式。

这种葡萄酒不是加强型葡萄酒，但是
它的熟成时间很长（至少需要6年零
3个月），不需要在橡木桶中熟成
也可以生成酵母"面纱"，从而
得到这种独特的葡萄酒

（详见116—117页）。

*酵母"面纱"是活酵母在酒的表面形成的一层薄膜。

葡萄是怎么变成酒的
橡木桶

在高卢时期，人们为了方便运输葡萄酒，用橡木桶替代了双耳尖底瓮（表面粗糙的无釉红色陶罐）。橡木桶的制作方式体现了人类祖先的智慧。数百年过去了，橡木桶的制作方法不断发展，才成为现今完美的熟成设备。下面一起看看它的制作方法吧。

橡木桶的制作

❶ 木材
橡木被锯成长约95厘米的原木。木材湿度为70%

❷ 切割成块

法国人的方法：劈
=>按照纤维的方向
（约80%的损失）

美国人的方法：锯
=>减少损失

❸ 干燥
24—36个月，
湿度70%=>15%

❹ 锯割、抛光
木块变成木板

⑤ 装桶

安装橡木桶。组装木板

⑥ 第一次焙烤

木材变柔软，木板变弯曲，有利于加箍

⑦ 第二次焙烤

根据预期的葡萄酒的效果，焙烤的程度不同（轻度、中度、重度）

⑧ 封闭

底部定位

⑨ 密封性测试

水+压缩空气

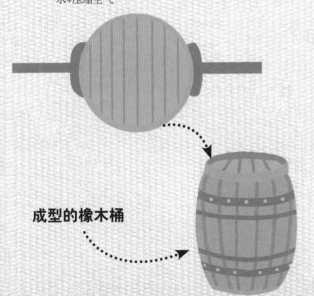

成型的橡木桶

二选一

将木屑或板条（木板）直接放入不锈钢酿酒桶中，葡萄酒就能更快地获得木头香气，成本也更低。但是这样一来，葡萄酒无法与空气接触，也就不能像在橡木桶中熟成的葡萄酒那样达到最佳的平衡状态。

木屑　　　　　　　　板条

葡萄是怎么变成酒的
酒塞

早在数千年前，葡萄酒和软木之间就已有关联。软木酒塞的使用在葡萄酒瓶之前，可追溯到大约公元前1世纪，当时软木酒塞被用来密封双耳尖底瓮。它的制作过程要求非常精密。

1 剥皮
或揭下软木

2 静置
6个月=成熟和稳定的过程

3 煮沸

通常，软木需要经过两次煮沸：
- 消毒、清洗软木
- 使软木更加柔软、更有弹性
- 增加软木厚度

5 切块、套管

4 稳定

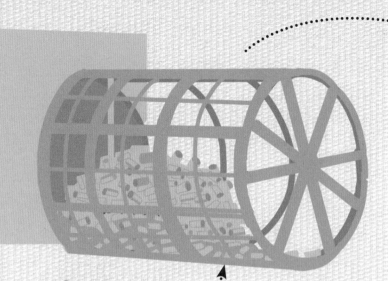

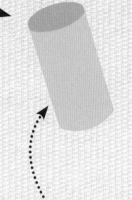

7 表面加工
涂石蜡或硅树脂

6 洗涤
在含氧气的水中

软木的特性

- 轻。
- 不会腐烂。
- 防水。
- 有轻微的透气性，可以让极少量的空气进入（便于葡萄酒的陈年）。
- 有弹性、可压缩：可压缩性在封口时是非常必要的；有弹性，这样在取出酒塞时，酒塞可以恢复到被压缩之前的体积。
- 100%纯天然、可降解、可回收……

其他类型的酒塞

"TCA"（三氯乙酸）会污染软木塞，感染葡萄酒，是葡萄酒出现"木塞味"的元凶（详见62—63页）。为了解决这个问题，产生了其他类型的酒塞：

螺旋酒塞

玻璃酒塞

合成酒塞

这些酒塞最大的好处是避免葡萄酒出现"瓶塞味"。它们没有那么多细孔，密封性比软木塞好。它们在快速消费和无须保存的葡萄酒中应用广泛。

第3章
像侍酒师一样品鉴葡萄酒

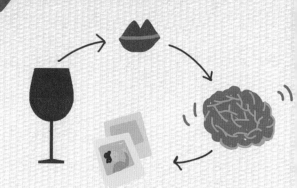

这酒真有肉感！

像侍酒师一样品鉴葡萄酒

品鉴的步骤

一般来说，品鉴的目的是了解一款酒的好坏。品鉴时人们产生的所有感官称为"感官分析"。它能唤起我们最深处的记忆，寻找相似的气味、味道和感觉，并用言语来描述。所以只要了解品鉴的基本规律，那么葡萄酒的大门就将为你敞开。

二次闻香（详见58—59页）

第一次闻香=空气接触酒液前（摇杯前）：闻到易扩散的香气（尤其是不好的香气，详见62—63页）。

第二次闻香=空气接触酒液后（摇杯后）：闻到所有深层次的香气（酒香）。

外观

透明度、颜色、强度、黏稠度

（详见56—57页）

45°

1/3

~ **接触空气** ~

螺旋晃动酒杯内的葡萄酒。一款葡萄酒隐藏着十几种甚至上百种香气。有些是易扩散的，倾斜酒杯就能闻到。而有的香气只有在接触空气后才会释放出来。

注意：对于没有技巧的品鉴者，建议将酒杯放置在桌上练习晃动这一动作。

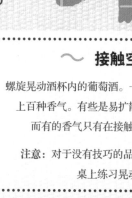

味觉

（酒精、单宁、滑腻）+味道（甜、酸、苦）=葡萄酒的结构（详见60—61页）。

回味

葡萄酒在口腔内升温，会散发出新的香气（详见58—59页）。

1, 2, 3, 4, 5, 6, 7, 8……

余韵

葡萄酒余韵的长短标志着葡萄酒的品质：

<5秒——余韵短

>12秒——余韵长

你知道吗？

余韵保持的时间以"可达丽"为单位，一个可达丽单位相当于一秒。

～ 盲品 ～

盲品的目的是仅通过品尝来鉴别一款葡萄酒。这有点类似于侦探工作。盲品的每一个步骤都能帮助我们鉴别葡萄的品种、生长环境甚至发酵或熟成的方法。

例如，

缺陷：混浊的葡萄酒（详见56—57页），有偏差的香气（详见62—63页）

年份：颜色的变化（详见56—57页），第三类香气（详见58—59页）

品种：着色强度、初级香气、单宁/酸度/酒精度（详见8—15页）

气候：香气的成熟度、酒精度、酸度、单宁（详见18—19页）

发酵：着色强度、二级香气、酸度、单宁、残糖量（详见36—37页）

熟成：颜色略微变化、带木头香气（详见58—59页），柔滑的单宁，酸度与酒精的结合（详见60—61页）

品质：香气的复杂性、入口的平衡感和持续性。

看哪！
真有趣！

像侍酒师一样品鉴葡萄酒
葡萄酒的外观

葡萄酒的外观是我们与葡萄酒的第一次接触，它能为我们提供一些宝贵的信息。酒色可以告诉我们葡萄酒的年份、所使用的品种、酿造和储存的方式，甚至是它的酒精度。

光泽度
有光泽度的葡萄酒=好葡萄酒
暗淡/无光泽的葡萄酒=有缺陷或正处在衰败期的葡萄酒

黏稠度
原因：酒精或糖

自然光+白色背景

45°

色度
可以提供葡萄品种或葡萄酒年份的信息。随着年份的增加，红葡萄酒的颜色会越来越淡，白葡萄酒则会越来越浓郁

透明度
混浊的葡萄酒=没有过滤
（详见36—37页）
或因微生物导致（=有缺陷）
白色晶体=酒石酸=>没有问题
细小的沉积物：沉淀的单宁和色素=>陈年葡萄酒

无色
很年轻，在酒桶
中发酵

柠檬黄
年轻，在酒桶
中发酵

金黄色
成熟，葡萄的成熟度好
或葡萄酒熟成好

铜色
陈年，干的葡萄酒
陈年葡萄酒

琥珀色
氧化，葡萄干或氧化熟
成（详见46—47页）

淡粉色
压榨后酿造的桃红葡萄酒
（详见40—41页）

玫瑰红
放血法酿造的桃红葡萄酒
（详见40—41页）

橙红色
酒正在陈化过程中
（开始变成该风格的陈酒）

紫红色
很年轻，新酒

红宝石色
年轻（2—4年）

瓦红色
成熟（5—15年）

褐色
陈化，陈红葡萄酒

葡萄酒渍

注意一定不要接触盐！就像人们常说的"盐有助于固色"，盐无法清
除酒渍，反而会将酒渍"固定"在衣物上。在放入洗衣机清洗前，最
好用冷水或白葡萄酒涂擦酒渍。这个动作要快，效果会非常好。

对于一块较老的酒渍，可以用白醋。将其浸泡在热牛奶中约一小时，
然后用白醋涂擦酒渍，再放入洗衣机清洗。

那些气泡？

葡萄酒中的气泡是二氧化碳气体。二氧化
碳在发酵时产生，打开酒瓶后便会释放出
来。气泡的大小（精细度）不是葡萄酒品
质的指标，相反，它的持久性才是。此
外，气泡还能增加葡萄酒的风味。

像侍酒师一样品鉴葡萄酒
葡萄酒的香气

根据香气的分类找到相应的葡萄酒香气

据统计，葡萄酒有几百种香气。人们通过与自然界中的香气的对比来识别葡萄酒的香气。因此，一个好的品鉴者为了强化嗅觉记忆，应当时刻注意周围所有的香气。

1 初级香气
初级香气是所使用的葡萄品种自身的香气。
绿色水果、黄色水果、红色水果和热带水果的香气，花香等。

2 二级香气
二级香气是葡萄酒发酵后产生的香气。
乳酸味、糕点味、糖果味、香料味等。

3 三级香气
三级香气是熟成和陈化后产生的香气，统称为"酒香"。
木头味、皮革味、水果干味、蜂蜜味等。

4 不好的香气
详见62—63页。

为什么葡萄酒没有葡萄的味道？

葡萄酒经过发酵和熟成的过程后将简单的葡萄味转化了。我们发现葡萄酒的"气味"
来源于葡萄本身两个不同的因素：

原本就带水果香的香气。这些香气转化为葡萄酒最初的香气（初级香气）。

原本无味的香气。在发酵或熟成过程中转化为能够释放的香气（二级、三级香气）。

像侍酒师一样品鉴葡萄酒
葡萄酒的味道

这里所说的"味道"除了葡萄酒自身的味道（酸、甜等）外，
还有人们口中所感受到的味道。正是这两种味道的相互融合，
让葡萄酒有了和谐的口感。

—— 感觉 ——

糖
（甜的感觉）

酸
（针刺感+唾液变多）

红茶

单宁
（粗糙感+口中干涩）

伏特加

酒精
（发热的感觉）

酒体的丰富度
（油脂般的感觉）

水　　　　　　　油

- ————————— +

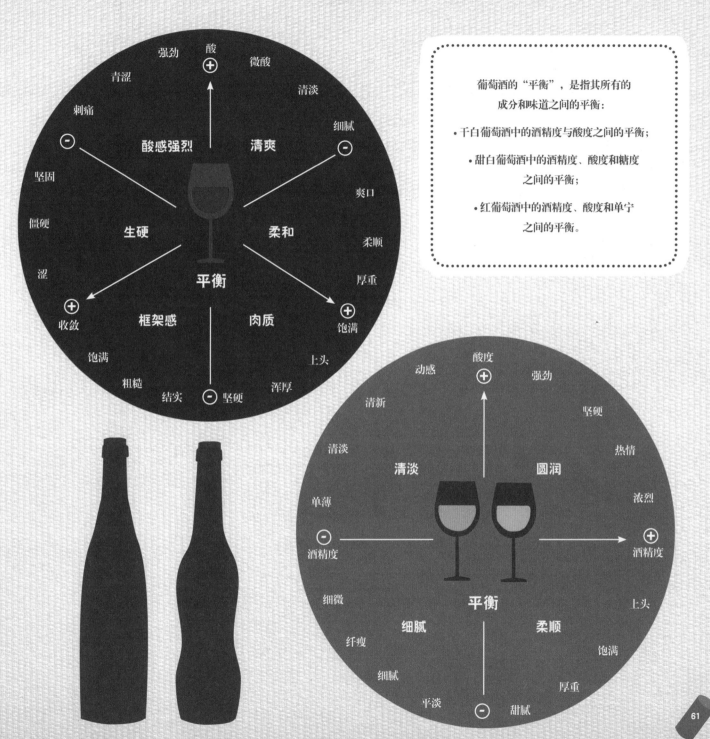

葡萄酒的"平衡"，是指其所有的
成分和味道之间的平衡：

•干白葡萄酒中的酒精度与酸度之间的平衡；

•甜白葡萄酒中的酒精度、酸度和糖度
之间的平衡；

•红葡萄酒中的酒精度、酸度和单宁
之间的平衡。

真恶心！

像侍酒师一样品鉴葡萄酒
有缺陷的葡萄酒

有缺陷的葡萄酒最明显的特征是"木塞味"，但不只有这一个缺陷。是什么原因导致葡萄酒有缺陷？如何鉴别葡萄酒有缺陷？下面让我们快速地了解一下产生"缺陷"的前因后果。

酒香酵母

原因：在发酵过程中出现酒香酵母，通常是酒窖的卫生问题引起的。

带来的香气：动物性气味、马厩味。

这是什么？

马德拉化的葡萄酒：属于氧化了的葡萄酒，失去了原有的香气特征，呈现氧化早期的迹象。

陈味的葡萄酒：原因同上。

变酸的葡萄酒：葡萄酒变成醋。这是由于细菌将酒精（乙醇）变成了醋酸（乙酸），即醋。

挥发酸

原因：葡萄酒中的细菌产生的醋酸，使葡萄酒变酸或带有刺鼻气味。

带来的香气：醋酸味、洗甲水味、指甲油味。

醋

木塞味

原因：木头中的三氯乙酸（TCA）分子导致，尤其是软木塞，会影响酒的味道。

带来的香气：发霉味、湿纸箱味。

还原

原因：葡萄酒与氧气接触太少。

带来的香气：臭鸡蛋味、煮熟的卷心菜或洋葱的味道。

氧化

原因：葡萄酒与氧气接触过度。

带来的香气：未成熟的苹果味、未成熟的坚果味、烂苹果味。

二氧化硫

原因：装瓶时二氧化硫剂量过多。

带来的香气：划火柴的味道。

补救的方法

葡萄酒因挥发酸、木塞味或氧化而产生的缺陷是不可逆的。但是，如果购买的葡萄酒出现以上任意一种缺陷，都可以向购买时的餐厅服务员或酒窖管理员要求退换。

葡萄酒由于发生还原反应、酒香酵母污染或二氧化硫过量而产生的不好气味，有时会在葡萄酒长时间通风后消失。因此，建议在侍酒前（几个小时）先进行通风醒酒（详见66—67页）。

像侍酒师一样品鉴葡萄酒
葡萄酒如何开瓶

什么时候开瓶合适？有的酒我们需要提前开瓶。怎么开？这取决于瓶塞的类型和酒的状况。开瓶器难以驾驭？有方法能省掉它。

没有开瓶器？
不用急！

-1-
用锤子将钉子钉入瓶塞

-2-
用锤子将钉子拔出

如何选择开瓶器？

传统开瓶器
这种开瓶器没有手柄，借助胳膊的力量拔出酒塞。要求力气大。

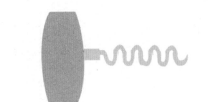

双臂式杠杆型开瓶器
这种开瓶器的"双臂"可以节省力气。优点是适合家用，自己就能开瓶。

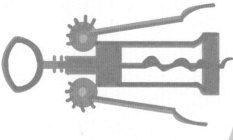

侍酒型开瓶器
这种开瓶器更方便。它有一个酒刀（用来割开瓶盖上的薄膜）、一个6厘米长的螺旋钻头和一个起塞支架（开瓶时固定在瓶颈上）。它体积小，是专业人士青睐的工具。

开瓶的最佳时间？

大部分葡萄酒开瓶即饮。有些葡萄酒则需要与空气接触一段时间（详见66—67页）。

侍酒时开瓶
果味的白葡萄酒、桃红葡萄酒、起泡酒（香槟、微沫起泡酒）。

提前1—2小时开瓶
果味的红葡萄酒、复杂的白葡萄酒、甜葡萄酒、陈葡萄酒。

提前3—4小时开瓶
强劲的红葡萄酒。

静止葡萄酒如何开瓶？

将瓶口的锡箔割开。

如果是蜡封，直接将螺旋钻插入瓶塞。

将螺旋钻竖直插入瓶塞。

然后，向上竖直拔起瓶塞。

啵

转式开瓶器

这种开瓶器的特征是总向一个方向转动，将开瓶器的螺旋钻深深插入瓶塞，然后将瓶塞拔起。就这么简单！但为了确保成功拔出瓶塞，要将螺旋钻竖直插入酒塞。

兔耳开瓶器

最快、最易操作的开瓶器。将两个"兔耳形"手柄夹紧酒瓶的颈口，将螺旋钻向下按，再将齿柄提起来，软木塞就拔出来了。就是这么简单。它唯一的缺陷是：笨重。

双金属片开瓶器

这是对付陈酒最理想的开瓶器，因为陈酒的酒塞易碎，而这种开瓶器没有螺旋钻。但是，它在操作时要求一定的技术，因为要将金属片插于酒塞和瓶口的缝隙。

起泡酒如何开瓶？

-1-
将舌状铅封揭开，取下酒帽。

-2-
将铁丝网套松开取下，注意不要松开酒塞！

-3-
旋转酒瓶，但不要旋转酒塞。

-4-
在瓶颈下始终准备一个杯子接着，不要松开酒塞。

啵

像侍酒师一样品鉴葡萄酒
侍酒

"全副武装"的侍酒师，能帮助我们享受到最好状态下的葡萄酒：给葡萄酒通气，保持适宜的温度（取决于葡萄酒的类型），选择适合的玻璃容器。

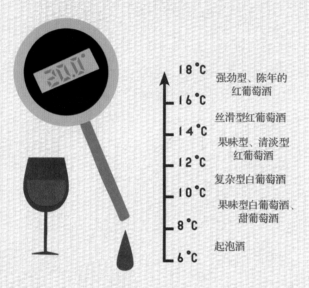

- 18°C 强劲型、陈年的红葡萄酒
- 16°C 丝滑型红葡萄酒
- 14°C 果味型、清淡型红葡萄酒
- 12°C 复杂型白葡萄酒
- 10°C 果味型白葡萄酒、甜葡萄酒
- 8°C
- 6°C 起泡酒

醒酒或滗清？

这两种操作都是将葡萄酒倾倒在醒酒器里，目的却不同。**醒酒**，是让葡萄酒与空气接触使香味散发出来，尤其是年轻的酒。**滗清**，是为了去除陈酒中的沉淀物。因此容器也有两种：通气的醒酒器和滗清的滗酒器。

醒酒器
- 可进行大面积通气
- 使葡萄酒散发更多的香气

滗酒器
- 减少葡萄酒与空气的接触
- 酒中没有沉淀物

一些辅助用具

漏斗
漏斗可以增加酒与空气的接触面积，使香气散发得更快。为了回收沉淀物，通常在漏斗上放置滤网。

冰桶
香槟和冰桶是不可以分开的，冰桶内应放入1/3的冰、2/3的凉水。在炎热的夏天，要定期更换冰桶内的冰和水。

持酒架
建议在享受陈葡萄酒时使用持酒架。将刚从酒窖里拿出的酒放置在持酒架上，可避免过多移动，有利于悬浮物沉淀。

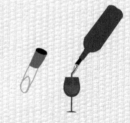

通风器
这是取代漏斗和醒酒器的"新一代"工具，直接置于瓶口处。

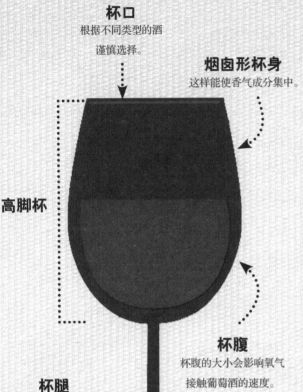

杯口
根据不同类型的酒
谨慎选择。

烟囱形杯身
这样能使香气成分集中。

高脚杯

杯腹
杯腹的大小会影响氧气
接触葡萄酒的速度。

杯腿
它支撑杯身，避免手直接接
触杯身使酒升温。

杯脚
它使杯子
"站稳"。

果味、香料感的
红葡萄酒
例如，西拉

强劲、复杂的
红葡萄酒
例如，波尔多

清淡、柔和的
红葡萄酒
例如，勃艮第

清淡、果味的
白葡萄酒
例如，雷司令

饱满、复杂的
白葡萄酒
例如，默尔索

起泡酒
例如，香槟

烈酒
例如，赫雷斯

真空泵
将真空泵与带橡胶的酒塞组合
装在瓶口上，有一个空气阀
（空气只出不进）和一个排氧
泵。真空泵价格并不贵，而且
比原始酒塞密封效果更好。

葡萄酒温度计
将温度计深深放入瓶中；有
些温度计形似手镯，露在酒
瓶外，通过数字显示温度。
根据酒的类型，理想的侍酒
温度是各不相同的。

止滴器
将这个小装置（钢嘴形或简单的
圆环）装在瓶口处防止酒滴流到
瓶颈、桌布或衣服上。还有像项
链一样套在瓶嘴处的止滴环。

割膜器
为了更小心地取掉瓶口的
保护膜。

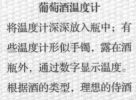

像侍酒师一样品鉴葡萄酒

食物与葡萄酒的复杂反应

美食与葡萄酒如何搭配？搭配好了，能增加美食和葡萄酒的体验感。搭配的秘诀是什么？只需理解菜的香气和味道与葡萄酒的香气和味道是如何相互影响的……

美食对葡萄酒品鉴的影响

↗ 增加好感度

↘ 降低好感度

↗ 增加反感度

↘ 降低反感度

菜肴的味道	葡萄酒的感知	推荐的葡萄酒	概述
酸	强劲、甜、果味 ↗ 酸味 ↘	酸感强烈的白葡萄酒：桑塞尔、沙布利 清爽型红葡萄酒：勃艮第红葡萄酒布尔格伊	搭配动感型、活泼型葡萄酒，使酒变得不那么强劲
苦	苦味 ↗	果味型白葡萄酒：干型瑞朗松 果味型桃红葡萄酒：塔韦勒	搭配果味型葡萄酒，口味互补
咸	果味重 ↗ 涩味、苦味、酸味 ↘	适合跟所有类型的葡萄酒搭配	盐在葡萄酒中同样是一种添加剂
甜	苦味、涩味、酸味、酒精度 ↗ 强劲、甜味、果味 ↘	甜型葡萄酒：邦尼舒、索泰尔纳 甜型桃红葡萄酒：安茹解百纳* 加强型葡萄酒：波特、莫里、里韦萨特麝香	与甜葡萄酒搭配口味均衡。避免搭配干型葡萄酒：会呈现腐蚀味
鲜	苦味、涩味、酸味、酒精度 ↗ 强劲、甜度、果味 ↘	果味型白葡萄酒：两海之间、慕斯卡德、贝普狄宾纳	不要选用结实的红葡萄酒：苦味和单宁会被激发出来

68

鲜味，第五种味道？

柏拉图和亚里士多德都曾提到4种基本味道：酸、甜、苦、咸。鲜——第五种味道——出现在18世纪中期的法国人笔下。

不错！
这是第五种
味道……

"鲜"正式成为基本味道之一，为人们所知是在1980年之后。

这种味道很清淡，与味精类似。在五种基本味道中，"鲜"是最微妙、最清淡的，因此，它很难与其他味道区分开来。仔细地品尝下列菜肴，你可能会辨别出它们共同的味道：

| 番茄 | 帕马森干酪 | 味噌汤 |
| 酱油 | 小牛高汤 | 芦笋 |

*在中国，鲜百纳是赤霞珠、品丽珠、蛇龙珠三种葡萄品种的统称，在法国通常指品丽珠。

味道、风味和香气有什么区别？

1 味道
通过味蕾感知到的不可挥发的分子（酸、甜、苦、咸、鲜），即味觉。

2 香气
通过鼻子感觉到的可挥发的分子（香草味、草莓味、薄荷味），即嗅觉。

3 热感
对热学、力学和化学的感觉，例如，辣、热、涩。

风味是这三种感觉的集合体
= **1** **2** **3**

味道
+
香气
+
热感
=
风味

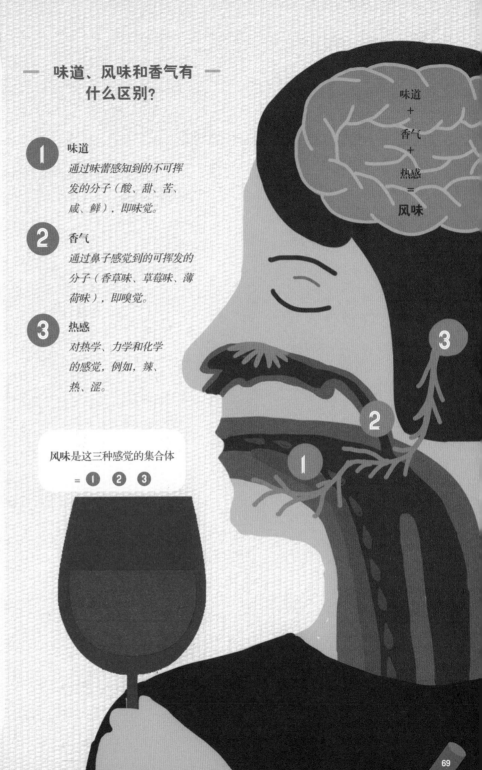

即使一道很简单的菜，也包含了好几种配料。在备菜过程中简单（或复杂）地混合了各种配料的结构、味道和香气。所以选择一款酒来佐餐是件很伤脑筋的事情。考虑到配料和烹饪方法都会影响菜的结构，以下是一些配酒建议。

肉类	生的	烤	烧烤	酱炖	油炸／撒面包粉
牛肉	🍶	🍶	🍶	🍶	
小牛肉		🍶🍶	🍶	🍶🍶	🍶🍶
大型兽类		🍶	🍶	🍶	
羊肉		🍶	🍶	🍶	
猪肉	🍶	🍶	🍶🍶	🍶🍶	🍶
禽类			🍶	🍶	
兔子／家禽		🍶🍶	🍶	🍶🍶🍶	🍶

贝壳类、甲壳类动物	生的	油焖	炸	水煮
贝壳类	🍾			🍾
大虾、明虾		🍾		
螃蟹、黄道蟹				🍾
小龙虾			🍾	
海螯虾	🍾			
龙虾				🍾

猪肉 如何搭配?

无论野餐、前菜或简餐,好的猪肉熟食都值得配上一杯葡萄酒。搭配一款与其风土相同的葡萄酒,是最佳选择。建议首选酸度强烈的白葡萄酒或清淡、果味型红葡萄酒,你将体验到脂肪在上腭的细微变化。

好几道菜,却只有一款葡萄酒,怎么办?

一顿饭只有一款葡萄酒?或者为不同的客人准备了不同的食物?又或者菜品中有味道差异很大的食物?

那么就要选择一款"万能钥匙"型葡萄酒:

• 白葡萄酒要选择饱满而强劲的(普伊-富赛、克罗兹-赫米蒂奇白葡萄酒);

• 红葡萄酒要选择清淡、柔顺的(布尔格伊、圣约瑟夫、波尔多丘)。

图例

果味型 红葡萄酒

轻柔型 红葡萄酒

强劲型 红葡萄酒

干型、果味型白葡萄酒

干型、饱满型白葡萄酒

干型桃红葡萄酒

鱼类	生的	烟熏	烧烤	用烤炉烤	油炸	酱汁
鳕鱼、江鳕						🍾
乌贼、章鱼、鱿鱼、墨鱼			🍾🍾			
鳟鱼、鲑鱼	🍾	🍾		🍾		🍾
沙丁鱼、鲭鱼			🍾	🍾		
鳎鱼、黄盖鲽鱼、大菱鲆、比目鱼				🍾		🍾
金枪鱼、箭鱼			🍾🍾	🍾🍾		🍾🍾
鲈鱼、海鲶鱼、鹰石首鱼、无须鳕				🍾		
鲷鱼、海鲂				🍾		

一旦我们根据肉类、鱼类选择了葡萄酒，一定要确认这是一款不会破坏口感的酒。下面列举一些关于蔬菜、奶酪、甜点的配酒建议。此外，切记葡萄酒可以与所有类型的食物搭配，即使是速食品，也可以搭配哟！

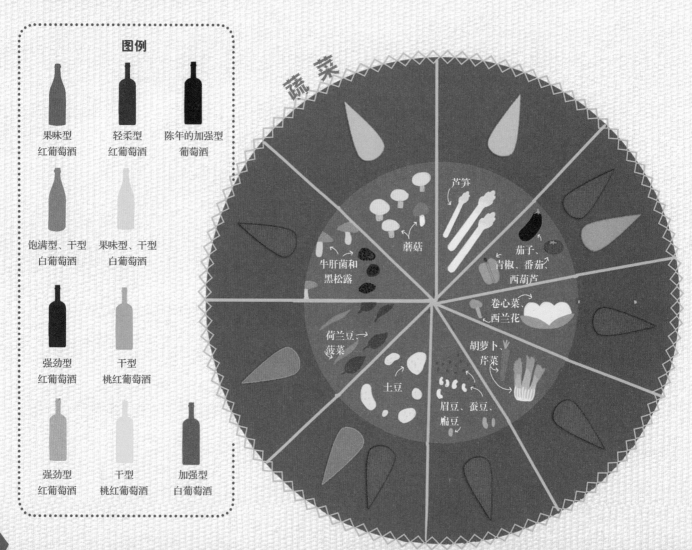

图例

果味型
红葡萄酒

轻柔型
红葡萄酒

陈年的加强型
葡萄酒

饱满型、干型
白葡萄酒

果味型、干型
白葡萄酒

强劲型
红葡萄酒

干型
桃红葡萄酒

强劲型
红葡萄酒

干型
桃红葡萄酒

加强型
白葡萄酒

蔬菜

芦笋

蘑菇

牛肝菌和
黑松露

荷兰豆、
菠菜

土豆

眉豆、蚕豆、
扁豆

茄子、
青椒、番茄、
西葫芦

卷心菜、
西兰花

胡萝卜、
芹菜

奶酪

金山奶酪
MONT D'OR
蓝纹奶酪
卡蒙贝尔奶酪、布利干酪
绵羊奶酪
帕马森干酪
格鲁耶尔干酪
山羊奶酪

甜点

水果沙拉
四合蛋糕
法式水果挞
熔岩巧克力蛋糕
黑森林
布朗尼
法式焦糖布丁、焦糖蛋奶、焦糖浮岛

速食品

烤肉串
薯条
寿司
汉堡包
炸鸡块
比萨
玉米卷饼
面条
NOODLES

葡萄酒会使人发胖吗?

• 与其他酒精饮料相比,一杯葡萄酒的热量相对较低。

125毫升	250毫升	25毫升
=	=	=
65千卡	102千卡	72千卡

* 这只是一个平均值,卡路里会根据酒精度数不同而有所变化。

• 一些研究显示,适量饮用葡萄酒能调节食欲。

• 适量饮用葡萄酒不会影响人的身体质量指数(BMI),其他酒精饮料却相反。

有节制地饮用葡萄酒,并搭配均衡的饮食是不会使人发胖的。

像侍酒师一样品鉴葡萄酒
不同葡萄酒的适用场合

在法国，葡萄酒与人们的生活是不可分割的，每逢节日庆典都会用到葡萄酒。根据不同的场合，会首选某些类型的葡萄酒。有两个参考依据：与宾客的亲密程度以及宾客的数量。

开胃酒

夏天：清爽的葡萄酒！这里说的葡萄酒具有令人记忆深刻的酸度和少量气泡，甚至完全就是起泡酒。所以应该是干型和果味型的白葡萄酒或桃红葡萄酒，或是香槟、起泡酒。

重要的时刻

独特的葡萄酒：最令人愉快的酒、特级酒、年份老、稀有的酒……礼节性地侍酒后，相互分享葡萄酒的激情，在这迷人的时刻传达感情。

两个人

这时葡萄酒是第三个主角。

一群人

放松

葡萄酒的深思：这些是适合在餐后饮用的葡萄酒，它们的独特（油质感、复杂性、持久性）要在饮用时慢慢地、放松地体会……所以只管享受吧，不需要想太多！

（例如，1977年的年份波特、索泰尔纳……）

在桌上

餐酒搭配的艺术

（详见68—73页）

冬天：美味可口的葡萄酒！
即饱满的干型或半干型葡萄酒。对于
红葡萄酒，主要选择单宁柔顺、酒精
度适中、果味突出的葡萄酒。

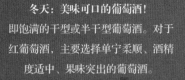

通过分享葡萄酒加深
社交联系。

私人聚会

个性化的葡萄酒：可以是通过与酒庄或生
产商接触后发现的一块"金子"（葡萄
酒），也可以是上一次度假时好不容易
"淘"到的葡萄酒。同时要根据自己的预
算来选择一款酒。通过相互分享葡萄酒的
故事和趣闻，来达到宾主尽欢的目的。

许多人

应谨慎选择葡萄酒。

自助餐

价值保证：在接待团体时，要选择品
质有保障的葡萄酒（知名产区或著名
的生产商），尽量不要选择高档佳
酿，选择适合大多数人的基础款葡萄
酒。你也可以在销售人员的推荐下，
选择性价比高的葡萄酒。

第4章
告别葡萄酒 "选择恐惧症"

告别葡萄酒
"选择恐惧症"
先了解自己青睐的葡萄酒风格

红葡萄酒、白葡萄酒、桃红葡萄酒、起泡酒……每个人都有自己的喜好，有时候根据季节、场合和心情的不同也会有不一样的选择。以下列举了一些果味型、强劲型、干型、甜型葡萄酒的选择"方向标"。

🍷 红葡萄酒 🍷

果味型、清爽型
- 产区举例：博若莱、勃艮第、布尔格伊。
- 适合的品种：佳美、黑皮诺。
- 侍酒温度：14℃。
- 可保存：1—2年。

柔顺型、细腻型
- 产区举例：热夫雷-尚贝坦、沃恩-罗曼尼、尼伊圣乔治。
- 适合的品种：黑皮诺。
- 侍酒温度：15—16℃。
- 可保存：4—5年。

轻柔型、浓缩型
- 产区举例：圣埃米利永、波美侯、马尔戈、希农、索米尔。
- 适合的品种：梅洛、品丽珠、歌海娜。
- 侍酒温度：15—16℃。
- 可保存：5—8年。

结实型、强劲型
- 产区举例：上梅多克、波亚克、圣埃斯泰夫、卡奥尔、马迪朗。
- 适合的品种：赤霞珠、马尔贝克、丹娜。
- 侍酒温度：16—18℃。
- 可保存：5—15年。

阳光型、热情型
- 产区举例：吉恭达斯、教皇新堡、瓦给拉斯、朗格多克。
- 适合的品种：歌海娜、佳丽酿、神索。
- 侍酒温度：16—18℃。
- 可保存：5—15年。

香料型、肉质型
- 产区举例：罗第丘、赫米蒂奇、科尔纳斯、邦多勒。
- 适合的品种：西拉、慕合怀特。
- 侍酒温度：16—18℃。
- 可保存：5—15年。

🍷 白葡萄酒 🍷

芳香型、果味型
- 产区举例：阿尔萨斯、加斯科涅丘。
- 适合的品种：麝香、琼瑶浆、灰皮诺、鸽笼白。
- 侍酒温度：8—10℃。
- 可保存：1—2年。

清爽型、清淡型
- 产区举例：沙布利、两海之间、桑塞尔、普伊-富美、慕斯卡德。
- 适合的品种：霞多丽、长相思、白瓜。
- 侍酒温度：8—10℃。
- 可保存：1—2年。

饱满型、浓烈型
- 产区举例：默尔索、蒙拉谢、佩萨克-雷奥良、萨维涅尔、孔德里约。
- 适合的品种：霞多丽、赛美蓉、白诗南、维欧尼。
- 侍酒温度：10—12℃。
- 可保存：4—10年。

🌢 桃红葡萄酒 🌢

丰满型、果味型
- 产区举例：塔维勒、利哈克、邦多勒、波尔多淡红。
- 适合的品种：歌海娜、梅洛。
- 侍酒温度：8—10℃。
- 可保存：1—2年。

清爽型、果味型
- 产区举例：普罗旺斯丘、普罗旺斯地区艾克斯丘。
- 适合的品种：歌海娜、神索。
- 侍酒温度：8—10℃。
- 可保存：1—2年。

甜型
- 产区举例：安茹解百纳、白仙粉黛（美国）。
- 适合的品种：品丽珠、仙粉黛。
- 侍酒温度：6—8℃。
- 可保存：1—2年。

🌢 甜葡萄酒 🌢

半甜型、甜型
- 产区举例：莱昂丘、蒙巴兹雅克、索泰尔纳、阿尔萨斯精选贵腐、阿尔萨斯晚收。
- 适合的品种：白诗南、赛美蓉、雷司令、琼瑶浆。
- 侍酒温度：6—8℃。
- 可保存：5—15年。

加强型
- 产区举例：里韦萨特麝香、博姆-德沃尼斯麝香、莫里、巴纽尔斯、波尔图。
- 适合的品种：麝香、白歌海娜、黑歌海娜、佳丽酿。
- 侍酒温度：8—10℃（白葡萄酒）；16℃（红葡萄酒）。
- 可保存：无限制。

🌢 起泡酒 🌢

芳香型、果味型
- 产区举例：克莱雷、莫斯卡托阿斯蒂（意大利）。
- 适合的品种：麝香、克莱雷。
- 侍酒温度：6—8℃。
- 可保存：1—2年。

清爽型、精致型
- 产区举例：香槟区、克雷芒、武弗雷、蒙路易。
- 适合的品种：霞多丽、黑皮诺、莫妮耶皮诺、白皮诺、白诗南。
- 侍酒温度：6—8℃。
- 可保存：2—10年。

告别葡萄酒"选择恐惧症"
各种形状的"酒瓶"

葡萄酒的包装可以指示葡萄酒的产地、风格及其品质。葡萄酒只有在玻璃酒瓶里才能够长久保存。不同的玻璃酒瓶代表了地区的传统。新式容器能适用于各种休闲葡萄酒。

各种形状的酒瓶

波尔多瓶
用于波尔多产区、西南产区、普罗旺斯产区（经常）的葡萄酒

勃艮第瓶
用于勃艮第产区、博若莱产区、卢瓦尔河产区中部（桑塞尔）、罗讷河谷产区的葡萄酒

香槟瓶
用于香槟区产区的葡萄酒和克雷芒葡萄酒

普罗旺斯瓶
用于普罗旺斯产区、科西嘉岛产区、比泽产区（主要是桃红葡萄酒）的葡萄酒

慕斯卡德瓶
用于慕斯卡德产区的葡萄酒

阿尔萨斯瓶
用于阿尔萨斯产区、德国产区的葡萄酒，以及新世界国家所产的琼瑶浆或雷司令葡萄酒

克拉夫兰瓶
汝拉产区所产的黄酒专用瓶（620毫升）

不同尺寸的酒瓶

18世纪，葡萄酒瓶的标准容量为750毫升，这是为了方便计量单位的转换：一个波尔多橡木桶（225升）=50加仑=300瓶。同样，葡萄酒是按箱卖的，一箱6瓶或12瓶，也使用了"加仑"这个单位：1加仑=6瓶。

储存潜力低 ←●→ 储存潜力高

夸脱瓶/短笛瓶	肖邦瓶	半瓶/女孩瓶	壶	标准瓶	马格南瓶	以色列王瓶	犹太王瓶	玛土撒拉瓶	亚述王瓶	珍宝王瓶	巴比伦王瓶	所罗门瓶	巨人瓶
1/4升	1/3升	1/2升	2/3升	0.75升	1.5升	3升	4.5升	6升	9升	12升	15升	18升	27升

马格南瓶的2倍（常用于波尔多产区）

皇室瓶（常用于波尔多产区）

其他包装

葡萄酒有多种包装，但只有玻璃瓶保存的时间最长。以下举例的容器最多可以保存18个月，因此它们适合年轻的清爽型、果味型葡萄酒。

其他（立式袋）

这是一种盒中袋的变体（一个袋子上带一个水龙头），跟盒中袋的用途相同。柔软、防水、重量轻，刚投入市场。

⊕ 可放置于冰箱中保存。

盒中袋（简称"BIB"，也叫"葡萄酒龙头装置"）

将一袋葡萄酒，放置在带水龙头的纸箱子里。这个酒袋随着酒量的减少渐渐收缩变空，可以防止葡萄酒与空气接触而发生氧化，可持续保存几周。

⊕ 适合日常饮用。
⊕ 是户外饮用葡萄酒的理想选择：烧烤、野餐、自助餐。
⊖ 不易保存。
⊖ 只适合年轻的即饮葡萄酒（葡萄酒品种、IGP等级、大区级AOC等级，详见83页）。

利乐包

相对于圆柱形的酒瓶，六面体能使储酒空间最大化。

⊕ 方便运输、减少储存空间、减少碳排放。
⊖ 只能保存年轻的葡萄酒。

PET

一种可循环利用的塑料，简称"PET"（聚对苯二甲酸乙二醇酯）

⊕ 重量轻，减少碳排放。
⊖ 只适用于入门级葡萄酒。

易拉罐

注意：易拉罐内壁有一层薄膜，能阻止葡萄酒与金属接触。

⊕ 减少碳排放。
⊕ 适合个人饮用。
⊖ 仅适合个人饮用。但葡萄酒是一种社交工具，更适合互相分享！

告别葡萄酒 "选择恐惧症"

看懂酒标

酒标？相当于葡萄酒的身份证。它的作用是向消费者提供信息，包括选酒的标准、酒的保存方式、酒的产地等。酒标上有多种标注，其中有的标注属于强制性标注，有的标注为非强制性标注。

● 强制性标注
● 非强制性标注

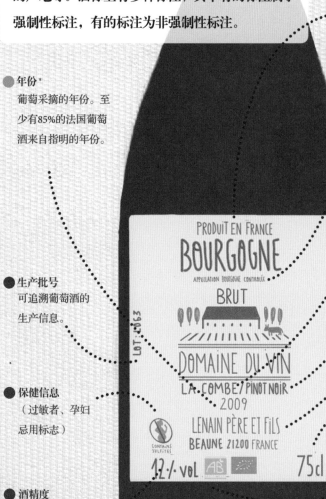

● 生产国

● 葡萄酒等级
AOP或IGP。

● 产区名
这些标注是强制性的，生产的地点在AOP或IGP等级下有明确的界限。

● 葡萄品种
至少85%的法国葡萄酒会在酒标上指出酒是用什么品种酿造的。如果由两种以上的品种酿造，产出的葡萄酒则是这些品种的完整集合体。

● 装瓶者名称及装瓶地址

● 容量

● 有机葡萄酒
应标注欧洲商标和认证机构号码（详见32—33页）。

● 年份*
葡萄采摘的年份。至少有85%的法国葡萄酒来自指明的年份。

● 生产批号
可追溯葡萄酒的生产信息。

● 保健信息
（过敏者、孕妇忌用标志）

● 酒精度

PRODUIT EN FRANCE
BOURGOGNE
APPELLATION BOURGOGNE CONTROLEE
BRUT
DOMAINE DU VIN
LA COMBE / PINOT NOIR
· 2009 ·
LENAIN PÈRE ET FILS
BEAUNE 21200 FRANCE
LOT 2063
CONTAINS SULFITES
12 % VOL AB 75cl

奖章

正式比赛的规则必须由法令规定。生产商在任何情况下都不能把获奖葡萄酒的奖章标在另一批次的葡萄酒酒标上。

什么是背标？

背标一般贴于与酒标相反的一面。内容没有强制性要求，通常会标注酿造时所使用的葡萄品种、酿造方法、酒的描述或餐酒搭配建议。它通常起到正式酒标的作用（容量是强制性标注的），也可以使酒标看起来更干净。

 梅洛

 果味型、框架型

 可搭配猪肉食品、烤肉、奶酪……

保存：2—3年

侍酒温度：14℃

 产区位置

*年份（或品种）的标注不适用于所有产区，每个国家和产区的规定不尽相同。

葡萄酒的等级

法国葡萄酒分级体系有三个官方等级，与产地及特征都有关联。这些等级都有着或多或少的强制性要求。

AOP（原产地保护葡萄酒）
从风土和传统酿造能力来详细划分。

酒标上强制要求标注产区（大区、市镇），如波尔多产区。

品种：简短的列表（经常根据当地情况而改变）。

产量：低于其他等级。

是否有法律规范：是（对葡萄植株和酒窖有很多限制）

IGP（有产区标识保护葡萄酒）
来自一个地区的限制。IGP是"受保护的地域标志"，主要为一个地区的名称（例如，奥克地区）。

品种：比AOP的列表内容更多，包括其他地区不同的品种。

是否有法律规范：是（比AOP的限制少）。

VSIG（无产区限制葡萄酒）
由广阔的领土构成。举两个代表性的例子：一个国家特有的葡萄酒（例如，法国葡萄酒、意大利葡萄酒等）或欧盟原产地葡萄酒。

是否有法律规范：否（只有一些被欧盟禁止的简单条例）。

品种：没有硬性要求。

可以是混合法国不同地区的葡萄酒（法国葡萄酒）或欧盟不同国家之间混合的葡萄酒（欧盟原产地葡萄酒）。

一些对消费者有用的标注

干型、半干型、甜型：白葡萄酒的甜度等级

晚收、贵腐精选：一些来自过熟或贵腐菌感染的浓缩型甜葡萄酒，通常来自阿尔萨斯产区（详见43页）

麦秆酒：由风干的葡萄酿造的甜葡萄酒（汝拉）

灰酒：由红葡萄直接压榨而成的色淡、酸感强烈的桃红葡萄酒（详见40—41页）。

传统酿造：有品质的起泡酒，主要的酿造方法和香槟酿造法一样（详见44页）。

天然甜葡萄酒：加强型葡萄酒（详见46—47页），强劲、醇厚。

黄酒：在酵母"面纱"下酿造而成的汝拉黄酒（详见47页、116—117页），强劲、独特。

橡木桶中酿造：把酒保存在橡木桶中

告别葡萄酒 "选择恐惧症"
餐厅里的葡萄酒

在餐厅里选择葡萄酒是一件很讲究的事情。这个决定通常是快速的，因为服务生正拿着笔在一旁等待，客人的眼睛也锁定在你身上！以下几个步骤教你快速、准确地选择葡萄酒。

呃……

记住了！

好！

① 看看桌上的酒杯

球形玻璃杯？酒罐？那就不要期待能在这样的餐厅里找到好葡萄酒。

② 理解酒单的编排规律

葡萄酒一般都是先从颜色来区分的，也会按照价格、产区和风格来分排。这些排列能帮你淘汰一些选项，缩小选择范围。

3

定位一些重要的信息

一份好的酒单会列出你需要的所有重要信息：产区/等级/生厂商名称或商标/酿酒方式/年份/价格。如果缺少其中一个信息（如年份），要坚决地提出来。年份是很重要的信息（详见20—21页）。

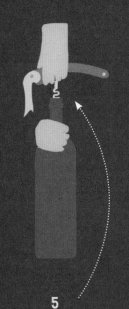

4

根据什么做选择?

· 根据价格：相同的价格，应优先选择最低等级的葡萄酒。注意，不要选择一款享有盛名而价格太低的酒。

· 根据菜品：如果你和客人选择的菜品口味相差较大，那就选择一些能"适应各种情况"的葡萄酒，既讨喜又不会很粗糙，可以与大部分的菜品搭配：柔顺又不会太结实的红葡萄酒（如索米尔-尚皮尼、安茹、布鲁依），或者醇厚又不会太强劲的白葡萄酒（如勃艮第）。

5

确保酒是当面开瓶的

这是惯例，也是诚实的保证：你只需要确认这确实是你点的那款酒。

6

品尝

开瓶后先品酒也是一种惯例。品尝是为了确保葡萄酒没有缺陷（详见62—63页），而不是为了确认你是否喜欢。

开瓶费?

有些餐厅允许客人自带葡萄酒。在这种情况下，餐厅会索取一定金额的"开瓶费"，这是对餐厅经营者未能获得酒的盈利的一种补偿。

告别葡萄酒
"选择恐惧症"
葡萄酒采购渠道

购买葡萄酒最有趣的地方在哪里？这完全取决于你把什么放在第一位：实用、品质、价格、精品、独特、建议……作为购买点来说，这些标准基本都能适用。极少数酒可以满足全部要求。以往根据你住的地区——城市或乡村——选择可能更多或更少……但是现在，互联网解决了这些问题。

大型超市
超级市场（市场占有率约为80%）

 价格有竞争力（因为是大批量采购）

 种类繁多（根据超市的规模，种类多样化）

大产区酒和高档酒极少

 无专人推荐，定位不清晰，小酒庄的产品极少

> **葡萄酒展销会：每年两次的集会**
> • 9—10月：一些知名酒庄和生产商们会提出有吸引力的价格，一年仅此一次。
> • 春季：选择一些适合夏季饮用的葡萄酒（干型白葡萄酒、桃红葡萄酒、果味型红葡萄酒）。

 葡萄酒展销会

酒商
（市场占有率约为8%）

 由小酒庄生产的有品质保障的葡萄酒

 能提供针对个人的购买建议

价格高

 获取（不太可能总在酒商处购买，因为酒商要求整箱购买）

> **酒商加盟店，属于连锁店，优势是：**
> • 由于是集中采购，所以在价格方面与大型超市相比有竞争力；
> • 提供购买建议。

酒庄直购
（市场占有率约为5%）

 这里够专业

 ➕ 参观酒庄，并与生产商交流

 ➕ 了解所购买的酒：在酒庄内可品尝

 ➖ 需提前预约（周末不开放）

 ➖ 距离较远（通常是一次性购买，虽然有的酒庄建议邮寄）

注意： 酒庄的价格会比较低吗？不一定，因为一些生产商会避免与经销商竞争。

集市和沙龙： 一些酒庄会定期到城市里参加集市或举办沙龙，其中最著名的就是独立酒农沙龙。

互联网
（市场占有率约为2%）

 ➕ 可无限供应

 ➕ 可以对比价格

 ➖ 没有针对个人的购买建议（技术说明书）

 ➖ 运费（购买前需确认）及交货期限

通过互联网购买葡萄酒相当于虚拟贸易，要小心一些购买陷阱（一些老年份的葡萄酒储存条件不好、葡萄酒缺货等）。建议在一些有信誉的网站上咨询，并查明背后卖家。

葡萄酒俱乐部

 ➕ 经常更新，品质有保障

➕ 经常举办关于葡萄酒的活动（趣事、品鉴等）

➖ 门票（偶尔才有）

 ➖ 在法国只能整箱购买（经常会有不同的酒装在一个箱子里）

拍卖会

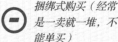

➕ 以优惠的价格买到老年份的酒

➖ 捆绑式购买（经常是一卖就一堆，不能单买）

➕ 无须亲临（打电话或通过网络均可参加）

➖ 只适合比较懂行的买家（如果需要可以请一个专家）

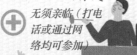
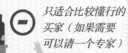

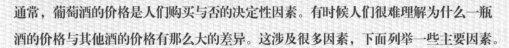

告别葡萄酒
"选择恐惧症"
葡萄酒的价格

通常，葡萄酒的价格是人们购买与否的决定性因素。有时候人们很难理解为什么一瓶酒的价格与其他酒的价格有那么大的差异。这涉及很多因素，下面列举一些主要因素。

生产

生产率/生产量
产量越大，价格越低。

品种
有的品种比其他品种更值钱（如霞多丽对比白玉霓）。

种植方式
有机种植或生物动力学种植均要求在种植过程中采取更多措施，所以生产成本高。

葡萄酒的风格
年轻的酒（比较便宜）对比陈年的酒（比较贵）。

分销渠道

好葡萄酒

运输
影响成本的两个因素：
- 距离：距离越远，成本越高；
- 运输方式：货车比飞机便宜。

中间商的数量
直销vs.进口商+零售商+酒商

税和关税
增值税、葡萄酒进口消费税（间接税）

产区的行情

- 每个酒桶或每百升酒的最低参考价。
- 根据产区等级或葡萄种植区的声誉（详见82—83页），采摘的葡萄品质和能酿制的葡萄酒量。

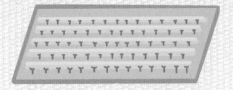

年份的品质

法国位于三种气候影响的交会处，每年的气候变化是不同的（详见20—21页），这就是为什么有的年份的葡萄酒品质比其他年份的好。

酒农

- 有的酒农名望很高：他们的酒很受欢迎，因此价格很贵。
- 也有一些酒农，完全不知名，所以很难提高他们的葡萄酒价格。

稀少

有两个主要原因：
- 最初的产量很低；
- 年份很老，市面上缺少这样的酒（通常与某一年份的品质有关）。

评论和指南

20多年来，一些国际评论家的评论以及发布的葡萄酒指南，影响了一些葡萄酒的价格。

告别葡萄酒 "选择恐惧症"

如何保存葡萄酒

无论你的酒价值如何，不好的储藏条件会缩短葡萄酒的寿命。这里列出10条"金规铁律"来确保你的酒能顺利地陈年。

良好的通风
但不能是穿堂风……

- 一个通风口在朝北的低处，一个在朝南的高处。
- 避开灰尘。

预防寄生虫
它们会感染葡萄酒（因为酒塞是可渗透的）。

不要将酒瓶放在地上

- 有助于葡萄酒通风。
- 帮助葡萄酒抗震。

同样，避免酒瓶与墙面接触。

平躺放置酒瓶
这样有利于酒塞与葡萄酒接触。

如果不平躺着放置酒瓶，酒塞会收缩，使空气进入酒瓶，葡萄酒就会有氧化的风险。

重新铺上砾石

- 可避免灰尘。
- 如果湿度太低，葡萄酒有可能变质。

将葡萄酒储存在木格子里
避免用纸箱，会增大酒变味的风险，也可以用木箱。

技巧和窍门

- 将酒瓶的酒标朝上：这个小细节可以为我们节省很多时间。

- 将需要快速饮用的酒整理出来，放在最容易拿到的格子里。

- 将包装用的透明玻璃纸裹在酒瓶上：为了维持湿度。

- 考虑将酒放置在大酒瓶中：酒的陈化速度会变慢。

酒窖登记簿

	葡萄酒1	葡萄酒2	葡萄酒3
地区：	波尔多	卢瓦尔	
产区：	上梅多克	索米尔–尚皮尼	
酒名或生产商名称：	佳得美庄园	新石酒庄	
年份：	2009	2012	
购买日期：	2012.09.15	2013.03.20	
价格：	35欧元	12欧元	
数量：	12瓶	8瓶	
最晚适饮期：	2025	2016	
在酒窖的位置：	C36	E04	
开瓶时间：		2015.06.16	

* 电子酒柜只是酒柜的一种，温度会随室温变化，通常不推荐（虽然便宜），相比之下压缩机酒柜保温更稳定。

避光
光线会使葡萄酒过早老化。尤其是起泡酒，如果接触光线，注定会走向不太好的结局。

凉爽的温度
11—14℃。必不可少的小工具：温度计。

恒温
一定要避免温度骤变。

湿度上升
必不可少的小工具：湿度计。

没有酒窖？

可以使用电子酒柜*，有两种类型：

- 适用于陈化的葡萄酒：它可以使酒保持12℃恒温，安装了减震器、湿度调节器和空气过滤器，还有能确保避光的门。

- 适用于即时饮用的葡萄酒：它能使酒保持在理想的适饮温度（详见66—67页），并且有适合于不同葡萄酒类型的格子。它不是为陈年型葡萄酒设计的。

第5章
开启世界葡萄酒产区之旅

开启世界葡萄酒产区之旅

法国葡萄产区

目前法国有66个葡萄种植省份，其中有三个葡萄种植产区被联合国教育、科学及文化组织批准为世界文化遗产。法国和意大利（根据年份）是世界上数一数二的葡萄酒生产国，是葡萄酒酿造史上的两大巨头。葡萄酒是法国文化不可分割的一部分。

卢瓦尔河谷产区
面积：519平方千米
产量：2 840 000百升/年

7 600平方千米
产区总面积：

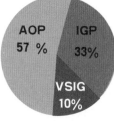

AOP 57 %
IGP 33%
VSIG 10%

博若莱产区
面积：165平方千米
产量：1 000 000百升/年

夏郎德产区
面积：6 860平方千米
产量：19 000百升/年（葡萄酒）
765 000百升/年（干邑）
100 000百升/年（皮诺）

波尔多产区
面积：1 175平方千米
产量：5 700 000百升/年

葡萄酒总产量：
275 000 000百升/年

红葡萄酒57%
桃红葡萄酒26%
白葡萄酒17%

西南产区
面积：515平方千米
产量：1 600 000百升/年

鲁西永产区
面积：73平方千米
产量：900 000百升/年

罗讷河谷产区
面积：610平方千米
产量：2 500 000百升/年

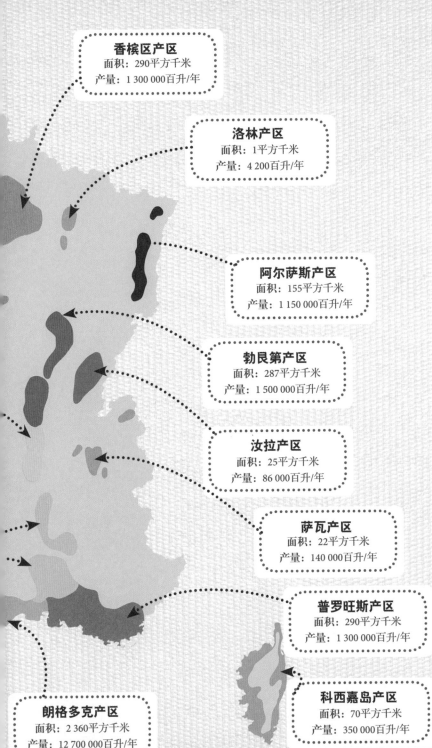

香槟区产区
面积：290平方千米
产量：1 300 000百升/年

洛林产区
面积：1平方千米
产量：4 200百升/年

阿尔萨斯产区
面积：155平方千米
产量：1 150 000百升/年

勃艮第产区
面积：287平方千米
产量：1 500 000百升/年

汝拉产区
面积：25平方千米
产量：86 000百升/年

萨瓦产区
面积：22平方千米
产量：140 000百升/年

普罗旺斯产区
面积：290平方千米
产量：1 300 000百升/年

科西嘉岛产区
面积：70平方千米
产量：350 000百升/年

朗格多克产区
面积：2 360平方千米
产量：12 700 000百升/年

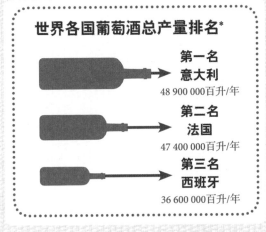

世界各国葡萄酒年产量排名*

第一名 西班牙 1 021 000百升/年	
第二名 中国 799 000百升/年	第三名 法国 792 000百升/年

世界各国葡萄酒总产量排名*

第一名
意大利
48 900 000百升/年

第二名
法国
47 400 000百升/年

第三名
西班牙
36 600 000百升/年

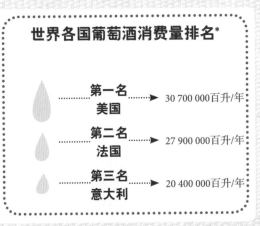

世界各国葡萄酒消费量排名*

第一名
美国 → 30 700 000百升/年

第二名
法国 → 27 900 000百升/年

第三名
意大利 → 20 400 000百升/年

*2015年统计数据。

95

开启世界葡萄酒产区之旅
波尔多产区

波尔多产区不仅是法国最大的AOP产区，还是法国标志性的产区之一。它的特级葡萄园在法国家喻户晓，并位居世界前列。波尔多的土壤类型多样，出产的葡萄酒有红葡萄酒、白葡萄酒、桃红葡萄酒、甜葡萄酒，甚至是起泡酒，价格和档次也很多样。

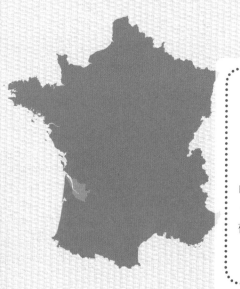

— 名片 —

面积： 1 175平方千米

产量： 5 700 000百升/年

红葡萄品种： 梅洛、赤霞珠、品丽珠、小维多、马尔贝克、佳美娜

白葡萄品种： 长相思、赛美蓉、密斯卡岱、白玉霓、鸽笼白

葡萄酒类型： 干型红葡萄酒、干型白葡萄酒、甜葡萄酒、干型桃红葡萄酒、起泡酒

吉伦特河口湾

圣埃斯泰夫
波亚克
圣于连
利斯特拉克梅多克
穆利昂梅多克
马尔戈
布拉伊
布尔丘
弗龙萨克
波美侯
圣埃米利永
利布尔讷
波尔多
多尔多涅河
两海之间
波尔多丘
加龙
佩萨克-雷奥良
巴尔萨克
索泰尔纳
朗贡

- **梅多克产区**
- **布拉伊产区**
- **格拉夫产区**
- **布尔丘产区**
- **两海之间产区**
- **利布尔讷产区**

波尔多不同颜色葡萄酒的占比

- ● 红葡萄酒
- ● 白葡萄酒
- ● 桃红葡萄酒

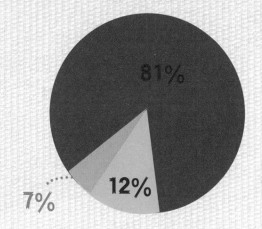

81%

12%

7%

波尔多的可露丽蛋糕与葡萄酒

这种用焦糖包裹着面团的小蛋糕是波尔多的名点——可露丽蛋糕。它的故事和波尔多葡萄酒密不可分。根据传统，葡萄酒是用蛋清来澄清的。为了回收利用剩余的大量蛋黄，人们用蛋黄来制作这种蛋糕。

可露丽配上巴尔萨克的甜葡萄酒，
简直就是人间美味！

产区等级金字塔

大圣富瓦

品质

市镇级产区

波亚克、马尔戈、波美侯、
圣埃米利永等

子产区

梅多克/上梅多克/格拉夫/两海之间

波尔多/超级波尔多/波尔多微沫起泡酒

酒庄

在波尔多，酒庄被称为"Château"，而不是"Domaine"。波尔多有几百个不同时期的葡萄园，它们象征着几个世纪以来波尔多葡萄园的昌盛。

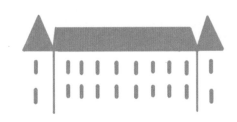

开启世界葡萄酒产区之旅

勃艮第产区

勃艮第产区是法国的产区中分区最复杂的产区，复杂的风土（气候）造就了这一特点。最近，它刚被列入世界文化遗产。

第戎

热夫雷-尚贝坦

武若

沃恩-罗曼尼

尼伊圣乔治

欧塞尔

沙布利

博讷

波马尔

默尔索

皮利尼-蒙拉谢

墨丘利

日夫里

沙隆

蒙塔尼

马孔村庄

维尔-克莱赛

马孔

普伊-富美

— 名片 —

面积：287平方千米

产量：1 500 000百升/年

红葡萄品种：黑皮诺、佳美

白葡萄品种：霞多丽、阿里高特

葡萄酒类型：干型红葡萄酒、干型白葡萄酒、桃红葡萄酒（极少）、起泡酒

约讷葡萄产区

夜丘产区

博讷丘产区

沙隆丘产区

马孔产区

▲ AOP产区

产区等级金字塔

品质

特级葡萄园

产量为总产量的3%

一级葡萄园

（过去是市镇级产区）

产量为总产量的10%

村庄级葡萄园

热夫雷-尚贝坦、沃恩-罗曼尼、默尔索

产量为总产量的37%

大区级产区

勃艮第、勃艮第上夜丘等

产量为总产量的50%

勃艮第不同颜色葡萄酒的占比

- 红葡萄酒
- 桃红葡萄酒
- 白葡萄酒
- 起泡酒

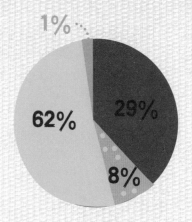

1%

62%

29%

8%

勃艮第的气候

在勃艮第，"气候"这个词是指葡萄种植的"风土"（包括地理、气候和种植技术等方面）。10世纪时，一些宗教逐渐对风土进行了定义，并根据品质定义了葡萄园的等级。

直到现在，人们已经统计了超过1 000种风土，其中一些是世界知名的。这个风土等级被保留下来，并在1935年被用于建立勃艮第AOC体系。

在勃艮第，当说到"天气"的时候，人们通常不看天空，看大地。

勃艮第公爵——勃艮第产区的杰出大使

14—15世纪，勃艮第公国的四任公爵让勃艮第的葡萄酒得以发扬光大。他们先是将勃艮第的葡萄酒送到阿维尼翁教皇的餐桌上，随后又将这些酒进贡给当时的法国国王。从此以后，欧洲的上流社会都开始饮用勃艮第葡萄酒。

开启世界葡萄酒产区之旅

博若莱产区

以前博若莱产区属于勃艮第产区（后又划分出来），一直在勃艮第的阴影下发展。凭借着该地独特的风土条件和特殊的技术，博若莱利用标志性品种佳美，酿造出清新活泼、果香浓郁的葡萄酒。

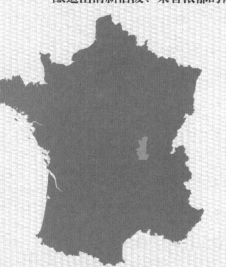

—— 名片 ——

面积：165平方千米

产量：1 000 000百升/年

红葡萄品种：佳美

白葡萄品种：霞多丽

葡萄酒类型：干型红葡萄酒、干型白葡萄酒、桃红葡萄酒（极少）

马孔

贝尔维尔

自由城

里昂

- 博若莱特级村庄产区
- 博若莱村庄产区
- 博若莱产区
- 里昂丘产区

博若莱不同颜色葡萄酒的占比

- ● 红葡萄酒
- ● 白葡萄酒

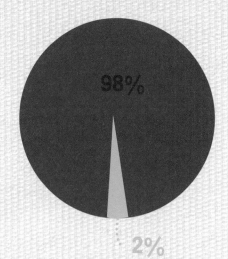

98%

2%

产区等级金字塔

品质

特级村庄
（10个）
产量为总产量的38%

博若莱村庄
产量为总产量的27%

博若莱
产量为总产量的35%

博若莱新酒，
一个不太"新"的词

博若莱新酒是指某个年份的第一批葡萄酒，在每年11月的第三个星期四上市。这一款果味型、清爽型葡萄酒，没有经过瓶中陈化，是一款"新酒"。

在20世纪80年代，博若莱的酒商开始做出口生意，出口量超过了其他葡萄酒。亚洲国家（日本等）也特别喜欢这款葡萄酒。

博若莱新酒
到货啦！

佳美——勃艮第的遗产

在1395年，当时的勃艮第公爵菲利普大公为了种植更有品质、更高贵的黑皮诺，下令砍伐所有种植在第戎和马孔之间的佳美（当时勃艮第的主要品种）。因此，佳美最终被移植到南边的博若莱。

开启世界葡萄酒产区之旅

罗讷河谷产区

罗讷河谷是继波尔多之后、法国第二大AOP产区。它被分为北部产区和南部产区，因香料感风格的红葡萄酒和爽口、低酒精度的桃红葡萄酒闻名于世。

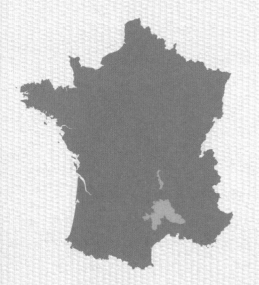

名片

面积：610平方千米

产量：2 500 000百升/年

红葡萄品种：西拉、歌海娜、慕合怀特、神索、佳丽酿……

白葡萄品种：维欧尼、瑚珊、玛珊、白歌海娜、克莱雷、布布兰克……

葡萄酒类型：红葡萄酒、桃红葡萄酒、白葡萄酒（极少）、加强型葡萄酒、起泡酒

罗讷河谷北部产区

罗讷河谷南部产区

▲ AOP产区

维埃纳

孔德里约　罗第丘

圣约瑟夫

赫米蒂奇　克罗兹-赫米蒂奇

科尔纳斯

圣佩赖　瓦朗斯

河

蒙特利马尔

讷

万索布尔

罗

拉斯多

瓦给拉斯　吉恭达

奥日朗　博姆-德沃尼

利哈克　教皇新堡

塔韦勒

阿维尼翁

尼姆

罗讷河谷不同颜色葡萄酒的占比

- ● 红葡萄酒
- ● 桃红葡萄酒
- 白葡萄酒

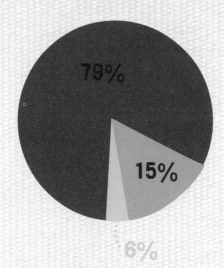

79%

15%

6%

罗马教皇，当地葡萄种植的福星！

1309年，罗马教皇将教廷从罗马迁至阿维尼翁。为了服务于教皇的餐桌，当地的葡萄品质有大幅度提高，甚至在世界上大放异彩。教皇约翰二十二世，为他喜爱的葡萄酒建了一座夏日行宫，并命名为"教皇新堡"。

产区等级金字塔

品质

特级村庄产区

产量为总产量的21%

罗讷丘村庄

（仅在罗讷丘南面）

产量为总产量的63%

罗讷丘

产量为总产量的16%

勒罗伊男爵——AOC等级制度的创始人

皮埃尔·勒罗伊男爵是教皇新堡葡萄酒商会的主席。1924年，他划定了葡萄酒生产区域并建立了规章制度，此时距第一批AOC产区的划分还有12年。勒罗伊男爵与其他葡萄酒商会的主席一起创立了"法国国家原产地命名管理局"（INAO），并于1936年划分了第一批AOC产区。

开启世界葡萄酒产区之旅

卢瓦尔河谷产区

卢瓦尔河谷出产的葡萄酒，首要的特点是多样性。从大西洋沿岸至巴黎盆地中心地带，卢瓦尔河谷的地理构造复杂，还有北部地区多变的气候，使这里出产的葡萄酒精致而又如水晶般清新。

名片

面积：519平方千米

产量：2 840 000百升/年

红葡萄品种：品丽珠、马尔贝克、佳美、黑皮诺、果若

白葡萄品种：勃艮第香瓜、白诗南、长相思

葡萄酒类型：红葡萄酒、桃红葡萄酒（干型和甜型）、白葡萄酒（干型、半干型和甜型）、起泡酒

南特地区产区

安茹-索米尔产区

图赖讷产区

中央大区产区　▲ AOP产区

圣纳泽尔　南特　昂斯尼丘　萨维涅尔　昂热　莱昂丘　布尔格　安茹　索米尔　塞优尔-马恩-慕斯卡德

卢瓦尔河谷不同颜色葡萄酒的占比

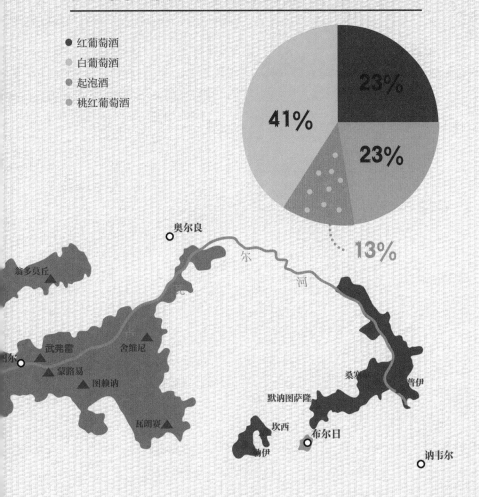

- ● 红葡萄酒
- ● 白葡萄酒
- ● 起泡酒
- ● 桃红葡萄酒

23%

23%

41%

13%

奥尔良

尔

河

翁多莫丘

武弗雷　舍维尼

蒙路易

图赖讷

瓦朗赛

默讷图萨隆

坎西

莱伊

布尔日

桑塞

普伊

讷韦尔

夏多梅昂

葡萄酒和奶酪

山羊奶酪是卢瓦尔河谷的特色之一，其产量占法国总产量的70%。山羊奶酪在不同的产区名字也有所不同：瓦朗赛奶酪、圣莫尔图赖讷奶酪或克劳汀德查维格诺尔奶酪。

尽管山羊奶酪的形式多样，我们都可以按照传统的方式搭配一杯卢瓦尔河谷的长相思。

地下和地上的石灰岩

卢瓦尔河谷产区最著名的酒庄是用当地的石灰岩建成的，石灰岩使该地区的建筑极具特色。从中世纪开始，人们就开采石灰岩用于建筑，使卢瓦尔河谷的城堡以雄伟壮丽著称。因开采岩石而留下的采石场成为酿造起泡酒的长廊，就像香槟区产区的白垩岩洞一样。

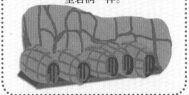

开启世界葡萄酒产区之旅
香槟区产区

香槟是一种在庆祝或节庆时刻必备的葡萄酒，曾被认为是"咆哮的20年代"（20世纪）的象征。独特的风土和有上百年传承历史的种植技术造就了香槟，不断更新的技术造就了它无与伦比的品质。

名片

面积：290平方千米

产量：1 300 000百升/年

红葡萄品种：黑皮诺、莫妮耶皮诺

白葡萄品种：霞多丽

葡萄酒类型：起泡酒

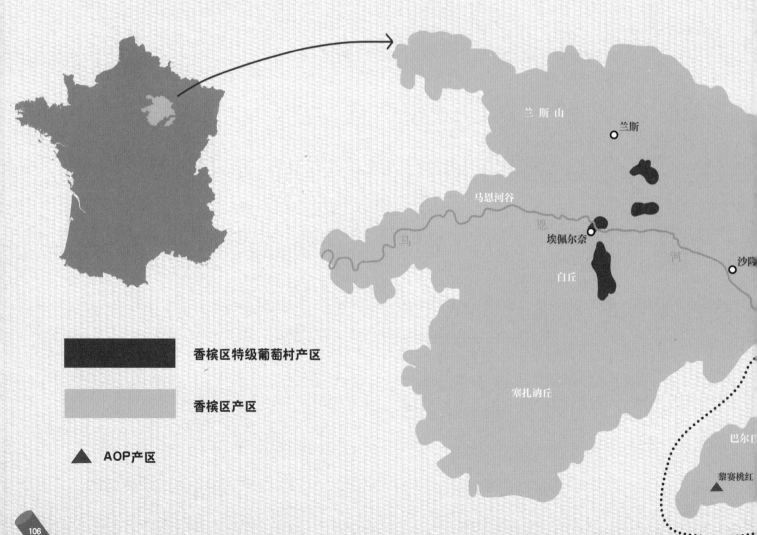

兰斯山

兰斯

马恩河谷

埃佩尔奈

白丘

沙隆

塞扎讷丘

巴尔

黎赛桃红

■ 香槟区特级葡萄村产区

■ 香槟区产区

▲ AOP产区

香槟区不同颜色葡萄酒的占比

- 白色起泡酒
- 桃红起泡酒

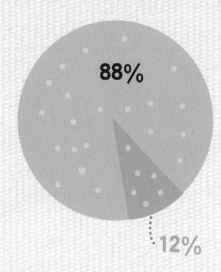

88%

12%

"伟大的香槟夫人"

这是妮可·芭比·彭萨丁（Nicole Barbe Ponsardin，1777—1866年）的绰号，甚至比"凯歌香槟"更有名。在她丈夫死后，她成为第一个管理一座香槟酒庄的女性（从27岁开始）。

而她对香槟最大的贡献是发明了转瓶技术（详见44—45页）。在此之前，起泡酒一直是一种混浊、不太好看的葡萄酒。

白垩土——香槟区的象征之一

白垩土之所以成为香槟区的象征，是因为在几个世纪前，人们因开采而留下的地下通道或白垩洞。现在这些遗迹被用于陈化葡萄酒。在兰斯或埃佩尔奈，有的白垩洞是可以参观的。

开启世界葡萄酒产区之旅

阿尔萨斯产区

地理多样性及葡萄品种展现出的葡萄酒个性是阿尔萨斯独特的文化遗产。由于该地区特殊的气候条件，阿尔萨斯产区出产的葡萄酒主要为白葡萄酒，既有诱惑力，又富于表现力。

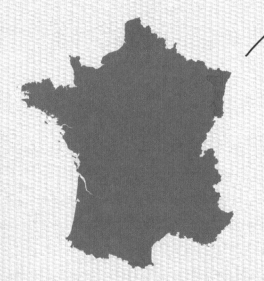

名片

面积：155平方千米

产量：1 150 000百升/年

红葡萄品种：黑皮诺

白葡萄品种：雷司令、灰皮诺、琼瑶浆、麝香、白皮诺、西万尼

葡萄酒类型：90%为白葡萄酒（干型、甜型、起泡酒），红葡萄酒（10%）

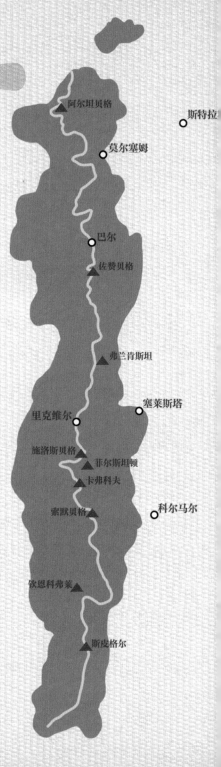

阿尔萨斯AOP产区

葡萄酒之路

▲ 阿尔萨斯特级葡萄园

斯特拉

阿尔坦贝格

莫尔塞姆

巴尔

佐赞贝格

弗兰肯斯坦

塞莱斯塔

里克维尔

施洛斯贝格

菲尔斯坦顿

卡弗科夫

索默贝格

科尔马尔

欧恩科弗莱

斯虔格尔

阿尔萨斯AOP产区占比

- 阿尔萨斯
- 阿尔萨斯微沫起泡酒
- 阿尔萨斯特级园

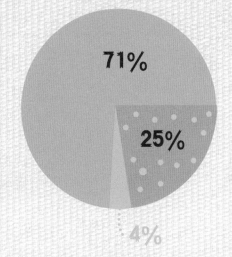

71%

25%

4%

甜葡萄酒

晚收（VT）：采摘的是过熟的葡萄，所以葡萄的糖分高于一般葡萄（半甜型葡萄酒到甜型葡萄酒）。

精选贵腐（SGN）：感染了贵腐菌（又叫灰霉菌）的葡萄。贵腐菌使葡萄的糖分和香气因干枯而浓缩。

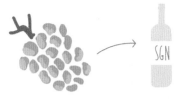

特殊的天气

阿尔萨斯是法国最干旱的大区，是继鲁西永产区之后日照第二强的大区。孚日山脉阻拦了来自西边的云和雨水，所以尽管气温适中，但葡萄园通常坐落在迎着日照的山坡侧面。此地出产的葡萄酒芳香袭人，又有良好的清爽度。

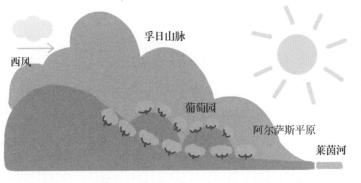

西风

孚日山脉

葡萄园

阿尔萨斯平原

莱茵河

单一品种葡萄酒对比调配型葡萄酒

单一品种葡萄酒的产量占总产量的80%（稳定增长），通常在酒标上会有标注。以下是一些例外：

"Edelzwicker"贵腐调配：产区内经过授权的品种都可以用来调配，是没有年份的葡萄酒。

"Gentil"混酿葡萄酒：至少有50%是贵族品种，分别酿造后再进行混合，是有年份的葡萄酒。

阿尔萨斯皮诺：是由4种皮诺混酿而成，包括白皮诺、黑皮诺、灰皮诺、欧塞瓦。

原产地酒（近年来）：不同品种种植在同一个葡萄园，一起采摘和酿造。

阿尔萨斯特级园应该是单一品种的，除了阿尔坦贝格的贝格海姆和卡弗科夫。

开启世界葡萄酒产区之旅

朗格多克-鲁西永产区

产区的葡萄园位于地中海沿岸，从尼姆到西班牙边境，长约200千米。这个产区被分为两个不同的文化区域：东部为朗格多克葡萄园区，西部为鲁西永葡萄园区。

— 鲁西永产区名片 —

面积： 73平方千米

产量： 900 000百升/年

红葡萄品种： 歌海娜、西拉、佳丽酿、慕合怀特、拉多内佩鲁

白葡萄品种： 灰歌海娜、白歌海娜、马卡贝奥、白玛尔维萨、小粒白麝香……

葡萄酒类型： 红葡萄酒、桃红葡萄酒、白葡萄酒、天然甜葡萄酒

— 朗格多克产区名片 —

面积： 2 360平方千米（其中380平方千米是AOP产区）

产量： 12 700 000百升/年

红葡萄品种： 歌海娜、西拉、佳丽酿、慕合怀特、神索……

白葡萄品种： 灰歌海娜、白歌海娜、马卡贝奥、克莱雷、布布兰克、侯尔、小粒白麝香、匹格普勒……

葡萄酒类型： 红葡萄酒、桃红葡萄酒、白葡萄酒、起泡酒、天然甜葡萄酒

朗格多克产区

鲁西永产区

▲ AOP产区

圣希尼扬　福热尔　贝普狄宾纳　密涅瓦　贝济耶　卡尔卡松　利穆　纳博讷　科尔耶尔　菲图

朗格多克产区不同颜色葡萄酒的占比

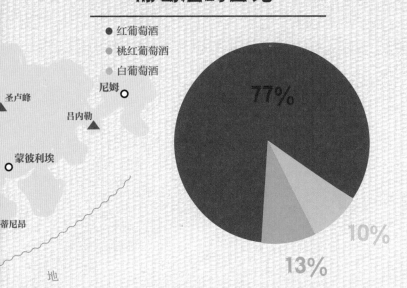

- 红葡萄酒
- 桃红葡萄酒
- 白葡萄酒

77%

13%

10%

圣卢峰

尼姆

吕内勒

蒙彼利埃

蒙蒂尼昂

地

鲁西永产区不同颜色葡萄酒的占比

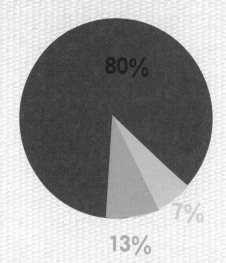

- 红葡萄酒
- 桃红葡萄酒
- 白葡萄酒

80%

7%

13%

产区等级金字塔

朗格多克特级村庄（6）

产量为AOP总产量的7%

朗格多克高级村庄（15）

产量为AOP总产量的75%

AOP大区级：朗格多克*

产量为AOP总产量的18%

* 朗格多克AOP大区包括朗格多克和鲁西永所有的AOP产区。

一分钟餐酒：法式豆焖肉

这道著名的炖菜是将干白豆和肥猪肉、猪肘、香肠甚至是鸭肉一起炖。与菲图、密涅瓦或科比耶尔出产的以佳丽酿为主的结实型红葡萄酒是极好的搭配。

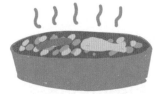

开启世界葡萄酒产区之旅
普罗旺斯产区

普罗旺斯是法国最老的葡萄种植大区。温暖灿烂的阳光是普罗旺斯的主要气候特征，为葡萄生长提供了理想的条件。普罗旺斯出产的桃红葡萄酒是法国的骄傲，同时生产红葡萄酒和白葡萄酒。

桃红葡萄酒的年份文化

弗凯亚人为普罗旺斯引进了葡萄的种植（公元前600年）。那时，由于葡萄皮浸渍时间较短，所以葡萄酒的颜色是浅淡的。在2 000年前，这些来自马萨利亚（如今的马赛）的桃红葡萄酒就已经在地中海流域家喻户晓。

═══ 名片 ═══

面积：290平方千米

产量：1 300 000百升/年

红葡萄品种：歌海娜、神索、西拉、
　　　　　　佳丽酿、慕合怀特等

白葡萄品种：维蒙蒂诺、白玉霓、布
　　　　　　布兰克、克莱雷、苏维翁

葡萄酒类型：桃红葡萄酒（主要）、
　　　　　　红葡萄酒和白葡萄酒

阿维尼翁

贝莱

尼

戛纳

普罗旺斯地区莱博

普罗旺斯地区艾克斯

派勒特

布里尼奥勒

皮埃尔福

马赛

邦多勒

拉陇德莱默尔

卡西斯

土伦

■ 普罗旺斯地区莱博产区

■ 普罗旺斯地区艾克斯丘产区

■ 普罗旺斯地区瓦尔丘产区

■ 普罗旺斯丘产区

普罗旺斯产区不同颜色葡萄酒的占比

● 桃红葡萄酒
● 红葡萄酒
● 白葡萄酒

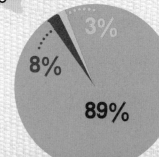

3%

8%

89%

开启世界葡萄酒产区之旅
科西嘉岛产区

名片
面积：70平方千米
产量：350 000百升/年
红葡萄品种：涅露秋、西雅卡雷罗、歌海娜、神索、西拉、佳丽酿等
白葡萄品种：维蒙蒂诺、布布兰克、克莱雷、小粒白麝香等
葡萄酒类型：红葡萄酒、桃红葡萄酒、白葡萄酒、天然甜葡萄酒

这个美丽的岛屿遍地是金，其中一片"金"就是葡萄酒。科西嘉岛出产阳光型红葡萄酒和香气浓郁的白葡萄酒，其酿酒用的葡萄品种源自意大利。

地中海

科西嘉岛角

卡尔维

科尔特

阿雅克肖　科西嘉岛阿雅克肖

萨尔泰讷　韦基奥港

科西嘉岛菲加里

博尼法乔

科西嘉岛AOP产区
帕特里莫尼欧AOP产区
科西嘉角麝香AOP产区

科西嘉岛产区不同颜色葡萄酒的占比

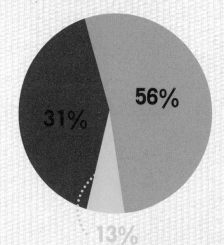

56%

31%

13%

● 桃红葡萄酒
● 红葡萄酒
● 白葡萄酒

指尖：科西嘉岛的葡萄酒和肉制品

科西嘉岛的肉制品在世界上一直都很有名，如驴肉肠、杯形香肠、栗色猪血香肠等。在餐酒搭配时，可以选择帕特里莫尼欧的葡萄酒。这种葡萄酒以桑娇维塞品种为基础，葡萄酒的果味与清新感可以与当地肉制食品的油腻感完美结合。

开启世界葡萄酒产区之旅

西南产区

西南产区的葡萄种植区域覆盖了法国西南部的1/4。这片辽阔的土地隐藏着众多鲜为人知的本土品种，使得当地的葡萄酒具有丰富性和独特性。

贝尔热拉克

波尔多

蒙巴兹雅

迪拉斯

马尔芒德

═══ 名片 ═══

面积：515平方千米

产量：1 600 000百升/年

红葡萄品种：马尔贝克、赤霞珠、品丽珠、梅洛、丹娜、费尔莎伐多、内格瑞特、杜拉斯等

白葡萄品种：长相思、赛美蓉、诗南、莫札克、兰德乐、大满胜、小满胜、库尔布等

葡萄酒类型：红葡萄酒、桃红葡萄酒、干型白葡萄酒、半甜型白葡萄酒、起泡酒

图尔桑 ▲

圣蒙

比利牛斯山脉

大西洋

马迪朗 ▲

贝阿恩 ▲ ▲

巴约纳 ○

波城 ○

塔布 ○

伊卢雷基 ▲

瑞朗松 ▲

■ 比利牛斯山山麓产区

■ 加龙河流域产区

■ 贝尔热拉克产区

■ 比利牛斯山南部产区   ▲ AOP产区

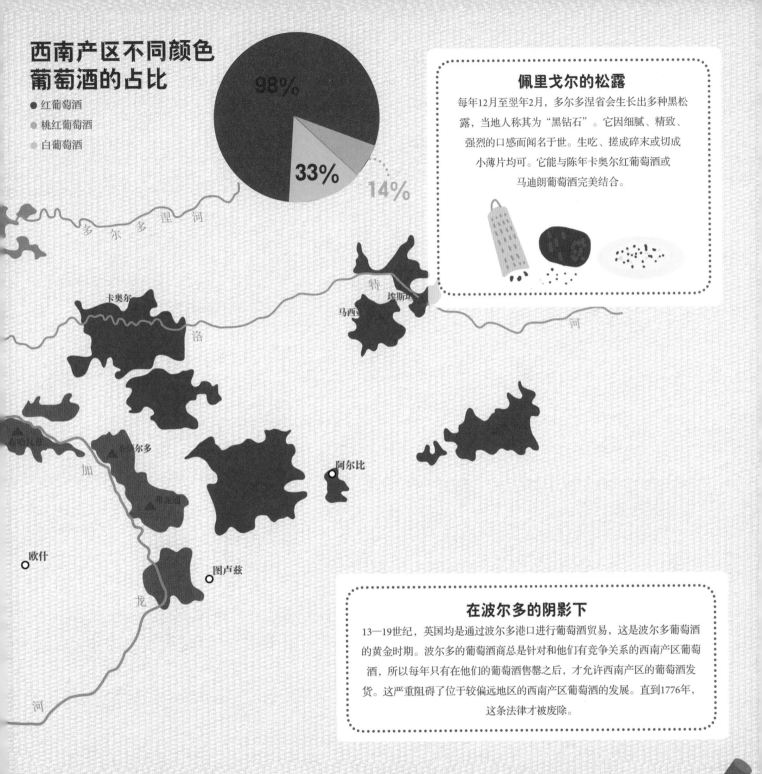

西南产区不同颜色
葡萄酒的占比

- 红葡萄酒
- 桃红葡萄酒
- 白葡萄酒

98%

33%

14%

多尔多涅河

卡奥尔

洛

特

埃斯

马西

河

布哈耳袋

圣阿尔多

加

弗龙通

阿尔比

欧什

图卢兹

龙

河

佩里戈尔的松露

每年12月至翌年2月，多尔多涅省会生长出多种黑松露，当地人称其为"黑钻石"。它因细腻、精致、强烈的口感而闻名于世。生吃、搓成碎末或切成小薄片均可。它能与陈年卡奥尔红葡萄酒或马迪朗葡萄酒完美结合。

在波尔多的阴影下

13—19世纪，英国均是通过波尔多港口进行葡萄酒贸易，这是波尔多葡萄酒的黄金时期。波尔多的葡萄酒商总是针对和他们有竞争关系的西南产区葡萄酒，所以每年只有在他们的葡萄酒售罄之后，才允许西南产区的葡萄酒发货。这严重阻碍了位于较偏远地区的西南产区葡萄酒的发展。直到1776年，这条法律才被废除。

开启世界葡萄酒产区之旅
萨瓦产区

— 名片 —

萨瓦产区的面积：22平方千米

比热产区的面积：5平方千米

萨瓦产区的产量：140 000百升/年

红葡萄品种：佳美、黑梦杜斯、魄仙、黑皮诺

白葡萄品种：贾给尔、阿尔迪斯、莎斯拉、瑚珊等

葡萄酒类型：红葡萄酒、桃红葡萄酒、白葡萄酒、起泡酒

萨瓦是冬季旅游的绝佳选择，这里每年都要接待成千上万的滑雪爱好者。因此，萨瓦产区生产的葡萄酒自然而然地在当地就会被消费掉大部分。

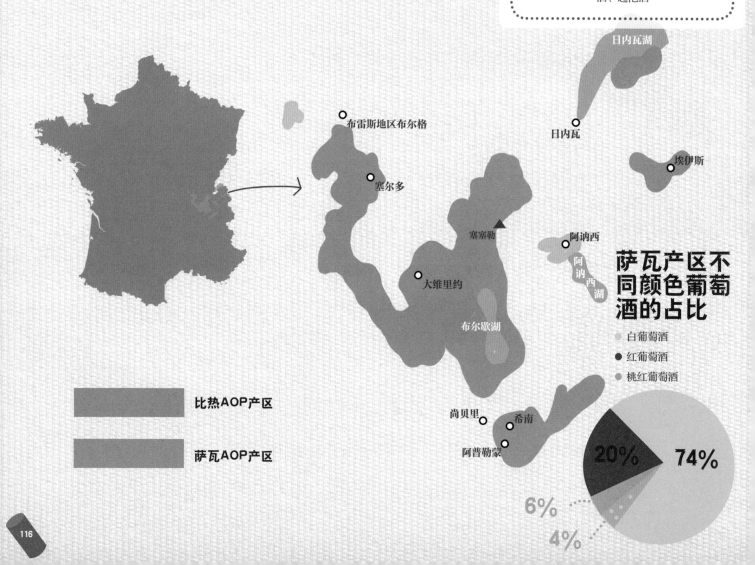

日内瓦湖

布雷斯地区布尔格

塞尔多

日内瓦

埃伊斯

塞塞勒

阿讷西

阿讷西湖

大雏里约

布尔歇湖

比热AOP产区

萨瓦AOP产区

尚贝里

希南

阿普勒蒙

萨瓦产区不同颜色葡萄酒的占比

白葡萄酒

红葡萄酒

桃红葡萄酒

74%

20%

6%

4%

116

开启世界葡萄酒产区之旅
汝拉产区

汝拉省位于勃艮第和瑞士之间，汝拉产区出产的葡萄酒极具风格。黄酒和麦秆酒是汝拉当地最耀眼的两颗明珠，在世界上相当有名。

— 名片 —

面积：25平方千米

产量：86 000百升/年

红葡萄品种：黑皮诺、普萨、特卢梭

白葡萄品种：霞多丽、萨瓦涅

葡萄酒类型：白葡萄酒（干型和甜型）、红葡萄酒、桃红葡萄酒（极少）、起泡酒

瓦当斯

隆勒索涅

博福尔

汝拉丘产区

阿尔布瓦产区

沙隆堡产区

埃图瓦勒产区

汝拉产区不同颜色葡萄酒的占比

- ○ 白葡萄酒
- ● 红葡萄酒
- ○ 桃红葡萄酒

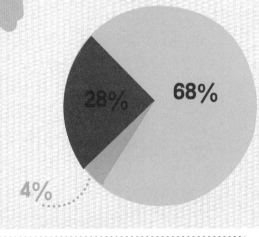

68%

28%

4%

黄酒和麦秆酒

汝拉产区的两种特色葡萄酒。

黄酒是用萨瓦涅酿造的干型白葡萄酒，需要在带有酵母"面纱"（详见46—47页）的橡木桶中陈化至少6年3个月。

麦秆酒是用葡萄干（请见42—43页）酿造的甜型白葡萄酒。

开启世界葡萄酒产区之旅
欧洲葡萄酒产区

葡萄已有2 000多年的种植历史。无论是风土、品种，还是种植技术，葡萄的种植都是这个经济活动的核心，当然也是人们关注的重点。下面让我们来看看位于欧洲的葡萄产区。

英国
面积：19平方千米

产量：30 000百升/年

红葡萄品种：丹菲特、黑皮诺、莫妮耶皮诺等

白葡萄品种：白谢瓦尔、雷昌斯坦纳、米勒-图高、巴克斯、霞多丽等

特色：出色的起泡酒，提高了英国葡萄酒的声望

瑞士
面积：148平方千米

产量：900 000百升/年

红葡萄品种：黑皮诺、佳美、梅洛等

白葡萄品种：莎斯拉、米勒-图高、霞多丽、西万尼等

特色：位于日内瓦和洛桑之间，日内瓦湖畔美丽的葡萄园梯田

葡萄牙
面积：2 240平方千米

产量：6 200 000百升/年

红葡萄品种：卡斯特劳、国产多瑞加、多瑞加弗兰卡、巴加、罗丽红等

白葡萄品种：费尔诺皮埃斯、阿尔瓦里尼奥、阿瑞图、碧卡、洛雷罗等

特色：加强型葡萄酒，其中最有名的是波特和马德拉

西班牙
面积：11 000平方千米

产量：36 000 000百升/年

红葡萄品种：丹魄、歌海娜、莫纳斯特雷尔、博巴尔、佳丽酿、门西亚等

白葡萄品种：阿依伦、马卡贝奥、阿尔巴利诺、弗德乔、格德约、帕雷亚达等

特色：拥有世界上最大的葡萄种植面积

意大利
面积：6 900平方千米

产量：48 000 000百升/年

红葡萄品种：内比奥罗、桑娇维塞、巴贝拉、科维纳、蒙特布查诺等

白葡萄品种：白玉霓、维蒂奇诺、卡尔卡耐卡、歌蕾拉、维蒙蒂诺等

特色：世界上葡萄酒产量数一数二的国家

伦敦
英国葡萄酒
摩泽尔
莱茵高
法兰克
日内瓦
瓦莱
维
都灵
巴罗
里奥哈
绿酒
杜罗河岸
波尔图
马德里
杜罗河谷
里斯本
赫雷斯

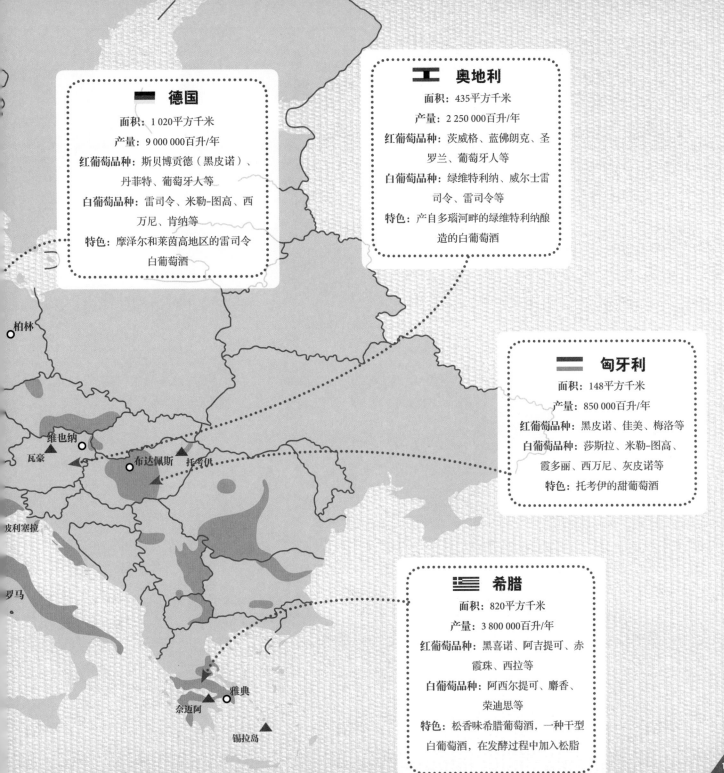

德国

面积：1 020平方千米

产量：9 000 000百升/年

红葡萄品种：斯贝博贡德（黑皮诺）、丹菲特、葡萄牙人等

白葡萄品种：雷司令、米勒-图高、西万尼、肯纳等

特色：摩泽尔和莱茵高地区的雷司令白葡萄酒

奥地利

面积：435平方千米

产量：2 250 000百升/年

红葡萄品种：茨威格、蓝佛朗克、圣罗兰、葡萄牙人等

白葡萄品种：绿维特利纳、威尔士雷司令、雷司令等

特色：产自多瑙河畔的绿维特利纳酿造的白葡萄酒

匈牙利

面积：148平方千米

产量：850 000百升/年

红葡萄品种：黑皮诺、佳美、梅洛等

白葡萄品种：莎斯拉、米勒-图高、霞多丽、西万尼、灰皮诺等

特色：托考伊的甜葡萄酒

希腊

面积：820平方千米

产量：3 800 000百升/年

红葡萄品种：黑喜诺、阿吉提可、赤霞珠、西拉等

白葡萄品种：阿西尔提可、麝香、荣迪思等

特色：松香味希腊葡萄酒，一种干型白葡萄酒，在发酵过程中加入松脂

柏林

维也纳

瓦豪

布达佩斯 托考伊

皮利塞拉

罗马

雅典

奈迈阿

锡拉岛

开启世界葡萄酒产区之旅
新世界葡萄酒产区

新世界国家的葡萄种植并非那么"新",早在15世纪,葡萄栽培技术已陆续引入新世界国家。但是直到1970年后,这些国家才开始转型种植有品质的葡萄。从此之后,葡萄的生产达到成熟阶段。这些国家出产的某些品质优良的葡萄酒,甚至可以和法国最好的葡萄酒相媲美。

🇨🇦 加拿大

面积: 113平方千米

产量: 600 000百升/年

红葡萄品种: 赤霞珠、梅洛、黑皮诺等

白葡萄品种: 灰皮诺、雷司令、威代尔、霞多丽等

特色: 尼亚加拉半岛的冰酒(甜型葡萄酒)

🇺🇸 美国

面积: 4 250平方千米

产量: 23 000 000百升/年

红葡萄品种: 赤霞珠、梅洛、仙粉黛、黑皮诺、西拉等

白葡萄品种: 霞多丽、鸽笼白、长相思、灰皮诺、雷司令等

特色: 纳帕谷的强劲型赤霞珠

🇨🇱 智利

面积: 2 100平方千米

产量: 10 500 000百升/年

红葡萄品种: 赤霞珠、梅洛、佳美娜、西拉、黑皮诺等

白葡萄品种: 霞多丽、长相思、麝香等

特色: 基于佳美娜的红葡萄酒。佳美娜原产于波尔多,后来在欧洲几乎绝迹。1994年,又在智利发现这一品种

🇦🇷 阿根廷

面积: 2 280平方千米

产量: 15 000 000百升/年

红葡萄品种: 马尔贝克、伯纳达、赤霞珠、西拉、梅洛等

白葡萄品种: 特浓情、霞多丽、麝香、佩德罗希梅内斯

特色: 拥有世界上海拔最高的葡萄园(海拔2 500米),葡萄园位于萨尔塔省的安第斯山脉

温哥华　奥卡诺根谷

索诺马县　芝加哥　多伦多　尼亚加拉半岛

圣弗朗西斯科(旧金山)　纳帕谷　纽约

洛杉矶　芬格湖群

卡法亚特

圣地亚哥　门多萨

迈波　布宜诺斯艾利斯

中国

面积： 8 000平方千米

产量： 11 000 000百升/年*

红葡萄品种： 赤霞珠、梅洛+当地品种

白葡萄品种： 麝香、霞多丽、雷司令
+当地品种

特色： 烟台葡萄酒（山东省），烟台
是中国现代葡萄种植的发源地；宁夏
（内陆），中国佳酿的后起之秀

澳大利亚

面积： 1 540平方千米

产量： 12 500 000百升/年

红葡萄品种： 西拉、赤霞珠、梅洛、
黑皮诺、歌海娜等

白葡萄品种： 霞多丽、长相思、赛美
蓉、雷司令等

特色： 巴罗萨谷的西拉红葡萄酒

新西兰

面积： 357平方千米

产量： 3 200 000百升/年

红葡萄品种： 黑皮诺（最主要的品
种）、赤霞珠、梅洛等

白葡萄品种： 长相思（最主要的）、
霞多丽、灰皮诺等

特色： 马尔堡具有浓郁芳香的长相思

南非

面积： 1 320平方千米

产量： 11 800 000百升/年

红葡萄品种： 赤霞珠、皮诺塔吉、西拉、梅洛等

白葡萄品种： 白诗南、鸽笼白、霞多丽、长相思等

特色： 用皮诺塔吉酿造的红葡萄酒，皮诺塔吉由黑皮
诺和神索杂交而成，能给葡萄酒带来有趣的果味

新疆　北京
宁夏　山东　○
　　　　○上海

亨特谷
巴罗萨谷
墨尔本　亚拉谷
马尔伯勒　霍克湾
奥克兰

雪敦　斯泰伦博斯

*2016年统计数据。

121

从葡萄植株到杯中酒　　　4—5

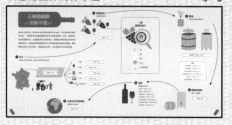

葡萄植株及品种　　　8—9

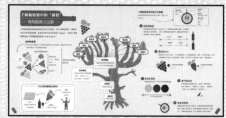

十大红葡萄品种　　　10—11

十大白葡萄品种　　　12—13

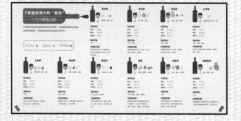

欧洲葡萄品种TOP 20产区图　　　14—15

葡萄生长的需求　　　16—17

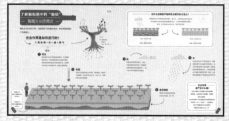

气候的影响　　　18—19

年份效应　　　20—21

地貌学的应用　　　22—23

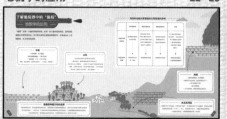

土壤扮演什么角色　　　24—25

葡萄植株及酒农历年　　　28—29

葡萄的病虫害　　　30—31

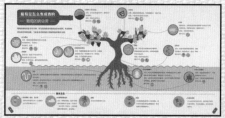

葡萄种植的不同方式 32-33

酒窖 34-35

酿造红葡萄酒 36-37

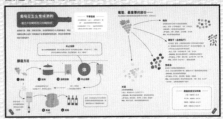

酿造白葡萄酒 38-39

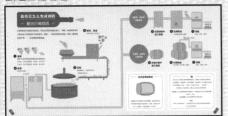

酿造桃红葡萄酒 40-41

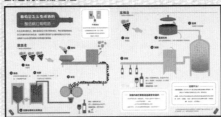

酿造半甜葡萄酒及甜葡萄酒 42-43

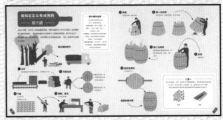

酿造起泡酒 44-45

酿造加强型葡萄酒 46-47

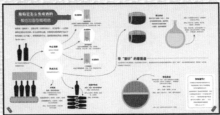

橡木桶 48-49

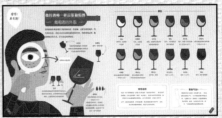

酒塞 50-51

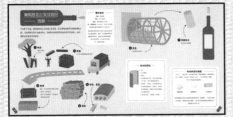

品鉴的步骤 54-55

葡萄酒的外观 56-57

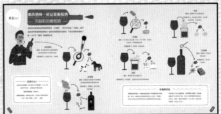

葡萄酒的香气 58-59

葡萄酒的味道 60-61

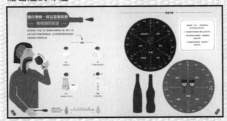

有缺陷的葡萄酒 62-63

葡萄酒如何开瓶　64-65

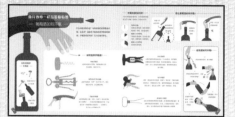

侍酒　66-67

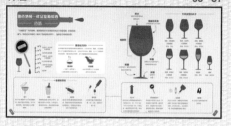

食物与葡萄酒的复杂反应　68-69

餐酒搭配（1）　70-71

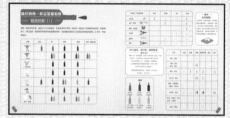

餐酒搭配（2）　72-73

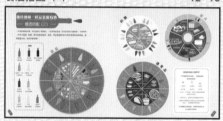

不同葡萄酒的适用场合　74-75

先了解自己青睐的葡萄酒风格　78-79

各种形状的"酒瓶"　80-81

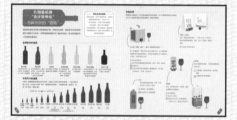

看懂酒标　82-83

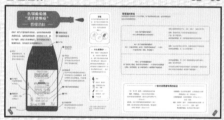

餐厅里的葡萄酒　84-85

葡萄酒采购渠道　86-87

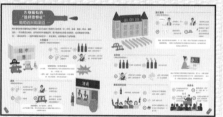

葡萄酒的价格　88-89

如何保存葡萄酒　90-91

法国葡萄产区　94-95

波尔多产区　96-97

勃艮第产区　　98-99

博若莱产区　　100-101

罗讷河谷产区　　102-103

卢瓦尔河谷产区　　104-105

香槟区产区　　106-107

阿尔萨斯产区　　108-109

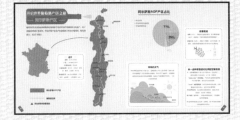

朗格多克-鲁西永产区　　110-111

普罗旺斯产区、科西嘉岛产区　　112-113

西南产区　　114-115

萨瓦产区、汝拉产区　　116-117

欧洲葡萄酒产区　　118-119

新世界葡萄酒产区　　120-121

专业词汇中法对照

葡萄品种

阿尔巴利诺 albariño
阿尔布瓦甜瓜 melon-d'arbois
阿尔迪斯 altesse
阿尔萨斯托卡伊 tokay-d'alsace
阿尔瓦里尼奥 alvarinho
阿吉提可 agiorgitiko
阿里高特 aligoté
阿瑞图 arinto
阿西尔提可 assyrtico
阿依伦 airén
巴贝拉 barbera
巴加 baga
巴克斯 bacchus
白福儿 folle-blanche
白佳美 gamay blanc
白玛尔维萨 malvoisie
白皮诺 pinot blanc
白诗南 chenin blanc
白谢瓦尔 seyval blanc
白羽 rkatsiteli
白玉霓 ugni blanc
宝奇 bouchy
碧卡 bical
波侯皮诺 pinot-beurot
伯纳达 bonarda
勃艮第香瓜 melon-de-bourgogne
博巴尔 bobal
布布兰克 bourboulenc
布莱顿 breton
布诺瓦 beaunois
长相思 sauvignon blanc
赤霞珠 cabernet sauvignon
茨威格 zweigelt
大满胜 petit mansengs
大普隆 gros-plant
丹菲特 dornfelder
丹娜 tannat
丹魄 tempranillo
杜拉斯 duras
多瑞加弗兰卡 touriga franca
费尔诺皮埃斯 fernão pires
费尔莎伐多 fer servadou
弗德乔 verdejo

鸽笼白 colombard
歌海娜 grenache
歌蕾拉 glera
格德约 godello
格拉斯维纳 grasevina
国产多瑞加 touriga nacional
果若 grolleau
黑梦杜斯 mondeuse noire
黑皮诺 pinot noir
黑喜诺 xinomavro
瑚珊 roussanne
灰歌海娜 grenache gris
灰皮诺 pinot gris
灰苏维浓 sauvignon gris
佳丽酿 carignan
佳美 gamay
佳美娜 carmenère
贾给尔 jacquère
卡尔卡耐卡 garganega
卡斯特劳 castelão
科特 côt
科维纳 corvina
克莱雷 clairette
肯纳 kerner
库尔布 courbu
拉多内佩鲁 lladoner pelut
兰德乐 len de l'el
蓝佛朗克 blaufränkisch
雷昌斯坦纳 reichensteiner
雷司令 riesling
卢瓦尔河谷皮诺 pineau-de-loire
罗丽红 tinta roriz
洛雷罗 loureiro
马尔贝克 malbec
马卡贝奥 macabeu
玛珊 marsanne
梅洛 merlot
门西亚 mencía
蒙特布查诺 montepulciano
米勒-图高 müller-thurgau
密斯卡岱 muscadelle
莫纳斯特雷尔 monastrell
莫妮耶皮诺 pinot meunier
莫札克 mauzac
慕合怀特 mourvèdre

内比奥罗 nebbiolo
内格瑞特 négrette
涅露秋 nielluccio
欧塞瓦 auxerrois
帕雷亚达 parellada
佩德罗希梅内斯 pedro ximénez
皮诺塔吉 pinotage
匹格普勒 picpoul
品丽珠 cabernet franc
魄仙 persan
葡萄牙人 blauer portugieser
普萨 poulsard
琼瑶浆 gewurztraminer
荣迪思 roditis
萨瓦涅 savagnin
赛美蓉 sémillon
桑娇维塞 sangiovese
莎斯拉 chasselas
麝香 muscat
神索 cinsault
圣罗兰 sankt laurent
诗南 chenin
斯贝博贡德 spätburgunder
特雷比奥罗 trebbiano
特卢梭 trousseau
特浓情 torrontés
威代尔 vidal
威尔士雷司令 welschriesling
维蒂奇诺 verdicchio
维蒙蒂诺 vermentino
维欧尼 viognier
西拉 syrah
西万尼 sylvaner
西雅卡雷罗 sciacarellu
霞多丽 chardonnay
仙粉黛 zinfandel
小粒白麝香 muscat à petits grains
小满胜 gros mansengs
小维多 petit-verdot

产区

奥地利

瓦豪 Wachau

德国

莱茵高 Rheingau

摩泽尔 Mosel

法国

阿尔布瓦 Arbois
阿尔萨斯 Alsace
阿尔坦贝格 Altemberg
埃斯坦 Estaing
埃图瓦勒 L'étoile
安茹 Anjou
安茹-索米尔 Anjou-saumur
昂斯尼丘 Coteauxd'ancenis
巴尔丘 Côtes des bar
巴尔萨克 Barsac
巴约讷 Bayonne
白丘 Côtes des blancs
邦多勒 Bandol
邦尼舒 Bonnezeaux
贝阿恩 Béarn
贝尔热拉克 Bergerac
贝莱 Bellet
贝普狄宾纳 Picpoul-de-Pine
比利牛斯山脉 Les Pyrénées
比泽 Buzet
波尔多 Bordeaux
波尔多淡红 Bordeaux-clairet
波尔多丘 Côtes-de-bordeaux
波马尔 Pommard
波美侯 Pomerol
波亚克 Pauillac
勃艮第 Bourgogne
博姆-博沃尼斯 Beaumes-de-venise
博讷 Beaune
博讷丘 Côtes-de-beaune
博若莱 Beaujolais
布尔格伊 Bourgueil
布尔丘 Côtes-de-bourg
布哈瓦兹 Bruhlois
布拉伊 Blaye
布鲁依 Brouilly
布鲁依丘 Côtes-de brouilly
大圣富瓦 Sainte-Foyla-Grande
迪拉斯 Duras
第戎 Dijon
多尔多涅河 Dordogne
菲尔斯坦顿 Furstentum
菲图 Fitou

风磨 Moulin-à-vent
弗兰肯斯坦 Frankstein
弗勒里 Fleurie
弗龙蒂尼昂 Muscat-defrontignan
弗龙萨克 Fronsac
弗龙通 Fronton
福热尔 Faugères
格拉夫 Graves
赫米蒂奇 Hermitage
吉恭达斯 Gigondas
加龙河 Garonne
加斯科涅丘 Côtes-de-gascogne
加亚克 Gaillac
戛纳 Cannes
教皇新堡 Châteauneuf-du-Pape
卡奥尔 Cahors
卡弗科夫 Furstentum
卡西斯 Cassis
坎西 Quincy
科比耶尔 Corbières
科尔纳斯 Cornas
科利乌尔 Collioure
科西嘉岛 Corse
科西嘉岛阿雅克肖 Corse Ajaccio
科西嘉岛菲加里 Corse figari
科西嘉角 Cap Corse
克莱雷 Clairette-de-die
克雷芒 Crémant
克罗兹 - 赫米蒂奇 Crozes-hermitage
孔德里约 Condrieu
拉斯多 Rasteau
莱昂丘 Coteaux-du-Layon
朗格多克 Languedoc
勒伊 Reuilly
雷妮 Régnié
黎赛桃红 Rosé-desriceys
里昂丘产区 Coteaux-du-lyonnais
里沃萨尔特 Rivesaltes
利布尔讷 Libournais
利哈克 Lirac
利穆 Limoux
利斯特拉克梅多克 Listrac-médoc
两海之间 Entre-Deux-Mers
鲁西永 Roussillon
卢瓦尔河谷 Loire

罗第丘 Côte-rôtie
罗第丘 Côte-rôtie
罗讷河谷 Côtes du Rhône
洛林 Lorraine
吕内勒 Muscat-delunel
马迪朗 Madiran
马恩河谷 Vallee de la marne
马尔戈 Margaux
马尔芒德 Marmande
马孔 Mâconnais
马西亚克 Marcillac
梅多克 Médoc
蒙巴兹雅克 Monbazillac
蒙拉谢 Montrachet
蒙路易 Montlouissur-Loire
蒙塔尼 Montagny
米约丘 Côtes de Millauh
密涅瓦 Minervois
摩泽尔 Mosel
莫尔塞姆 Molsheim
莫贡 Morgon
墨丘利 Mercurey
默尔索 Meursault
默纳图萨隆 Menetou-salon
慕斯卡德 Muscadet
穆利昂梅多克 Moulisen-médoc
南特 Nantes
讷韦尔 Nevers
尼伊圣乔治 Nuits-saint-georges
欧塞尔 Auxerre
派勒特 Palette
佩萨克 - 雷奥良 Pessac-léognan
皮利尼 - 蒙拉谢 Puligny-montrachet
普罗旺斯 Provence
普罗旺斯地区艾克斯 Aix-en-Provence
普罗旺斯地区艾克斯丘 Coteaux-d'Aix-en-Provence
普罗旺斯地区莱博 Les Baux-de-Provence
普罗旺斯丘 Côtes-de-Provence
普伊 Pouilly sur loire
普伊 - 富美 Pouilly-fumé
钦恩科弗莱 Zinnkoepflé
热夫雷 - 尚贝坦 Gevrey-Chambertin
日夫里 Givry

汝拉 Jura
汝拉丘 Côtes-du-Jura
瑞朗松 Jurançon
萨尔泰讷 Corse sartene
萨瓦 Savoie
萨维涅尔 Savennières
塞伏尔 - 马恩 - 慕斯卡德 Muscadet-sèvre-et-maine
塞塞勒 Seyssel
塞扎讷丘 Côtes de sézanne
桑塞尔 Sancerre
沙布利 Chablis
沙隆堡 Château-chalon
沙隆丘 Côtes chalonnaise
上梅多克 Haut-Médoc
舍维尼 Cheverny
圣阿穆尔 Saint-amour
圣埃米利永 Saint-émilion
圣埃斯泰夫 Saint-estèphe
圣卢峰 Pic-saint-loup
圣蒙 Saint-mont
圣纳泽尔 Saint-nazaire
圣佩赖 Saint-péray
圣萨尔多 Saint-Sardos
圣希尼扬 Saint-chinian
圣于连 Saint-julien
圣约瑟夫 Saint-joseph
施洛斯贝格 Schlossberg
斯皮格尔 Spiegel
斯特拉斯堡 Strasbourg
索米尔 Saumur
索默贝格 Sommerberg
索泰尔讷 Sauternes
塔韦勒 Tavel
图尔桑 Tursan
图赖讷 Touraine
瓦当斯 Vadans
瓦给拉斯 Vacqueyras
瓦朗赛 Valençay
万索布尔 Vinsobres
韦基奥港 Corse porto vecchio
维尔 - 克莱塞 Viré-clessé
翁多莫丘 Coteaux-du-vendomois
沃恩 - 罗曼尼 Vosnes-romanée
武弗雷 Vouvray

武若 Vougeot
西南产区 Sud-Ouest
希露柏勒 Chiroubles
希农 Chinon
夏多梅昂 Chateaumeillant
夏朗德 Charentes
香槟区 Champagne
谢纳 Chénas
夜丘 Côtes-de-nuits
伊卢雷基 Irouléguy
约讷葡萄产区 Vignoble de l'yonne
中央大区 Centre
朱里耶纳 Juliénas
佐赞贝格 Zotzenberg
美国
白仙粉黛 White Zinfandel
俄勒冈州 Orégon
加利福尼亚州 Californie
葡萄牙
杜罗河谷 Douro
绿酒 Vinho verde
瑞士
瓦莱 Valais
西班牙
杜罗河岸 Ribera del duero
赫雷斯 Jerez
兰萨罗特岛 Lanzarote
里奥哈 Rioja
普里奥拉托 Priorat
希腊
奈迈阿 Nemea
锡拉岛 Thera
匈牙利
托考伊 Tokaji
意大利
阿斯蒂 Asti
巴罗洛 Barolo
基安蒂 Chianti
莫斯卡托阿斯蒂 Moscato-d'Asti
索阿韦 Soave
托斯卡纳产区 Toscane
瓦尔波利塞拉 Valpolicella
维罗纳 Vérone
英国
英国葡萄酒 English wine

图书在版编目（CIP）数据

　　葡萄酒有什么好喝的 / (法) 范妮·达利耶塞克著;
(法) 梅洛迪·当蒂尔克绘; 司文译. —— 北京：中信出
版社, 2018.1
　　书名原文: Vinographie
　　ISBN 978-7-5086-8167-2

　　Ⅰ. ①葡… Ⅱ. ①范… ②梅… ③司… Ⅲ. ①葡萄酒
—品鉴—世界 Ⅳ. ①TS262.6

　　中国版本图书馆CIP数据核字（2017）第228021号

Vinographie ©2016, HACHETTE LIVRE (Hachette Pratique).
Text by Fanny Darrieusecq.
Illustrations by Melody Denturck.
Chinese edition arranged through Dakai Agency Ltd.

葡萄酒有什么好喝的

著　　者: ［法］范妮·达利耶塞克
绘　　者: ［法］梅洛迪·当蒂尔克
译　　者: 司　文
策划推广: 北京地理全景知识产权管理有限责任公司
出版发行: 中信出版集团股份有限公司
　　　　　（北京市朝阳区惠新东街甲4号富盛大厦2座 邮编 100029）
制　　版: 北京美光设计制版有限公司
承印　者: 北京华联印刷有限公司

开　　本: 700mm×900mm 1/12　　印　张: 10.5　字　数: 140千字
版　　次: 2018年1月第1版　　　　印　次: 2018年1月第1次印刷
京权图字: 01-2017-4262　　　　　广告经营许可证: 京朝工商广字第8087号
书　　号: ISBN 978-7-5086-8167-2
定　　价: 68.00元